WISSENSCHAFTLICHE JUGENDKUNDE
ERGEBNISSE UND DOKUMENTE
HERAUSGEGEBEN VON W. HAGEN UND H. THOMAE

Heft 3

Die Kreislaufregulation im Wachstumsalter

von

Gisela Mansfeld

Konrad Lang

1962

SPRINGER-VERLAG BERLIN HEIDELBERG GMBH

Veröffentlichung der
Wissenschaftlichen Arbeitsgemeinschaft für Jugendkunde, Bonn

Die Autoren des Heftes

Dr. med. Gisela Mansfeld
Stuttgart-Birkach, Egilolfstr. 11
Dr. med. Konrad Lang
Gelsenkirchen, Städt. Kinderklinik

ISBN 978-3-540-79683-1 ISBN 978-3-642-86303-5 (eBook)
DOI 10.1007/ 978-3-642-86303-5

© Springer-Verlag Berlin Heidelberg 1962
Ursprünglich erschienen bei Johann Ambrosius Barth, München 1962
Alle Rechte vorbehalten.

Geleitwort

Als wir das Programm für unsere Kinderuntersuchungen aufstellten, überlegten wir, in welcher Weise wir eine funktionelle Probe in den ärztlichen Untersuchungsgang einbauen könnten. Wir wählten dazu zunächst die Feststellung der Lungenkapazität, des Spirometerwertes. Über die außerordentlichen Fehlerquellen, insbesondere beim jüngeren Schulkind, waren wir uns im klaren. Er hat uns trotzdem gute Dienste geleistet und insbesondere über das Maß der körperlichen Übung eines Kindes Auskunft gegeben. Von der Feststellung des Dynamometerwertes haben wir nach eingehenden Beratungen mit Prof. LEHMANN vom Institut für Arbeitsphysiologie abgesehen. Die üblichen Handdynamometer sind zu unzuverlässig. Kompliziertere Apparaturen zur Messung der Kraftleistung eines ganzen Armes oder der Rumpfmuskulatur sind wieder mit besonderen Fehlerquellen behaftet. Die Anschaffung eines Fahrradergometers verbot sich durch die Begrenztheit unserer Mittel. Schließlich wollten wir keine Methode anwenden, die nicht bei einer Einzeluntersuchung im Rahmen des schulärztlichen Dienstes auch wieder verwendbar war.

Daß die einfache Auskultation des kindlichen Herzens über die Leistungsfähigkeit des Kreislaufs keinen Aufschluß gibt, ist bekannt. Die serienmäßige Anstellung von Elektrokardiogrammen verbot sich aus Kostengründen. Versuche an einer Untersuchungsstelle erschienen auch nicht so aufschlußreich, daß die allgemeine Einführung einen Erfolg versprochen hätte. Nach einigen vortastenden Versuchen in Stuttgart, entschlossen wir uns schließlich dazu, bei allen Kindern vom 10. Lebensjahr an die Kreislaufuntersuchung nach Schellong im Stehversuch und nach Belastung durchzuführen. Die Bedingungen des Belastungsversuchs wurden dabei standardisiert dadurch, daß einheitlich eine zweistufige Treppe von insgesamt 40 cm Höhe verwendet wurde, die Zahl der Stufenschritte und ihre Geschwindigkeit festgelegt und mit Metronom kontrolliert wurde. Geändert wurde mit zunehmendem Alter nur die Zahl der Stufenschritte, und zwar mußte die zweistufige Treppe im 10. und 11. Lebensjahr 24mal und dann 36mal bestiegen werden. Die vom einzelnen Kind verlangte Leistung war also genau dieselbe und hing lediglich von seinem Gewicht ab. Da letzteres jedesmal festgestellt wurde, kann man sie genau in m/kg ausrechnen. Wir waren uns darüber im klaren, daß es uns bei dieser Probe auf die Feststellung des Modus der funktionellen Anpassung ankam, daß es sich aber nicht um eine echte Leistungsprobe handelte. Andererseits ist die gewählte Probe doch eine fühlbare Belastung für gesunde Herzen. Kranke Herzen konnten sie häufig nicht durchhalten.

Wir haben auf diese Weise von 2000 Schulkindern über 5 Jahre hinweg und von einer kleineren Anzahl über 7 Jahre jährliche Schellongkurven gesammelt. Nun stellt sich mit dem Abschluß unserer Untersuchungen das Problem der Auswertung. 10 000 Schellongkurven kann man nicht durch einfache Betrachtung vergleichen. Auch die Aufstellung bestimmter Typen von Reaktionsformen führt nicht zu einer exakten Bewertung. Wir wußten, daß wir letzten Endes auf die Lochkartenmaschine angewiesen waren. Aber die Schwierigkeit war die Übersetzung der Daten in die Lochkarte. Selbstverständlich kann man die einzelnen Punkte einer Kurve auf eine Lochkarte übertragen, und es läßt sich auf diesem Wege eine Art Idealkurve entwickeln. Aber für die Deutung ist nichts gewonnen. Die Bewertung des einzelnen Schellong bleibt subjektiv, und wir mußten also nach charakteristischen Beziehungen in der Schellongkurve suchen, in ähnlicher Weise bei beim Elektrokardiogramm in der Beziehung der einzelnen Meßpunkte von P — T die Möglichkeit einer zahlenmäßigen Bewertung gefunden wurde, ohne daß deswegen die individuelle Beurteilung des Kurvenablaufes überflüssig geworden wäre. Das Problem der Lochkartenbearbeitung von Elektrokardiogrammen ist aber, wie wir feststellen mußten und wie durch das Preisausschreiben der Lebensversicherungsgesellschaften bewiesen ist, bis heute nicht gelöst. Es konnte uns also auch bei der Verarbeitung unserer Schellongkurven nicht helfen. Wir haben deshalb an einem Teil unseres Materials eine Reihe von Vorprüfungen gemacht. Viele Versuche mußten wir verwerfen. Zwei Methoden haben uns aber schon so viele Ergebnisse gebracht, daß wir sie in der folgenden Monographie zur Diskussion stellen. Frau MANSFELD hat sich um eine sinnvolle Ordnung der Grunddaten bemüht, und Herr LANG hat versucht, diese Daten funktionell miteinander zu verknüpfen. Wir haben uns entschlossen, nach diesen Methoden nun unser Gesamtmaterial zu verarbeiten, um damit nicht nur hinreichend große Untergruppen für alle möglichen Zwischenbeziehungen bilden zu können, sondern auch, getreu der Gesamtaufgabe unseres Unternehmens, für die Beurteilung des einzelnen Kindes, dem Untersucher brauchbare Hinweise und Vergleichsdaten an die Hand zu geben. Bei der Beurteilung der nachstehenden beiden Arbeiten bitten wir deshalb, ihren Charakter als Vorstudie nicht zu vergessen.

Die Herausgeber

INHALT

Geleitwort 3

KREISLAUFUNTERSUCHUNGEN BEI DEN GLEICHEN KINDERN IM VERLAUF VON ACHT JAHREN. Von G. Mansfeld . . 7

    Der systolische Ruheblutdruck 7
    Der diastolische Blutdruck 19
    Die Amplitude und ihre Verlängerungen 21
    Der Puls 25
    Der Verlauf unserer Kreislauffunktionsprüfung über drei Jahre . . 33
    Zusammenfassung 33
    Literatur 34

STATISTISCH VERGLEICHENDE STUDIE AN JÄHRLICH WIEDERHOLTEN KREISLAUFFUNKTIONSPROBEN BEI GESUNDEN KINDERN VON 10–15 JAHREN. Von Konrad Lang . . . 37

    Methodisches 38
    Ergebnisse 42
    Zusammenfassung 53

Kreislaufuntersuchungen bei den gleichen Kindern im Verlauf von acht Jahren

Von Gisela Mansfeld

Die Untersuchungen der Wissenschaftlichen Arbeitsgemeinschaft für Jugendkunde laufen nun im 10. Jahre. Ergebnisse einer sehr genau standardisierten Kreislauffunktionsprüfung bei etwa 2500 Kindern lagen bei Abfassung dieser Studie aus 4 Jahren vor. Wenngleich die Untersuchungen der folgenden Jahre noch ergänzende Befunde und Resultate erbracht haben, so bestand doch Veranlassung, einen Zwischenbericht zu geben, gedrängt einerseits von der Fülle des Materials, andererseits von der Notwendigkeit, durch Klärung einzelner Gesichtspunkte sich an die gesamte Problematik heranzuarbeiten und dadurch die Fragestellungen in der Hand zu behalten. Es kann dabei nicht unsere Aufgabe sein, spezielle physiologische Einzelheiten klären zu wollen, dazu sind auch unsere Versuchsbedingungen gar nicht angetan. Was wir dagegen können, ist dies: die letzte Station aller Kreislauffaktoren bzw. ihrer Regulationen, ihren in der Funktionsprüfung auch für den Praktiker faßbaren Effekt am „gesunden, normalen Kind" zu zeigen. In der vorliegenden Arbeit wollen wir dabei nur zu einem geringen Teil auf das Individuum eingehen und vor allem Durchschnittswerte bringen, die an etwa 370 Kindern der Stuttgarter Arbeitsstelle gewonnen wurde. Zugleich wird so die Voraussetzung geschaffen, wie die vielen Einzelangaben und -zahlen, die sich bei Kreislauffunktionsprüfungen noch größerer Probandenziffern, wie z.B. bei den 2500 Kindern unserer Arbeitsgemeinschaft, ergeben, diese durch Hollerithaufarbeitung bewältigt werden können. Unseres Wissens ist Derartiges bisher nicht veröffentlicht, wie überhaupt in der Literatur sich nur Einzelangaben finden (vgl. hierzu G. MANSFELD in Zeitschrift für Kreislaufforschung 1958, S. 215). Es wird deshalb hier auf eine Besprechung dieser Literatur verzichtet und nur am Schluß eine Aufstellung all jener Arbeiten gebracht, die wir im Verlauf unserer eigenen Untersuchungen herangezogen haben.

Der systolische Ruheblutdruck

Bei ungefähr 370 Kindern konnten wir in Stuttgart den systolischen Ruhe-Wert in acht aufeinanderfolgenden Jahren feststellen, beginnend mit dem 1. Grundschuljahr. Eine gewisse Caesur ergibt sich vom 4. zum 5. Jahr durch eine Änderung der Methode: bis 1955 führten wir die Kreislaufprüfung als Vorversuch und wegen des jungen Alters in einfacher Form durch, indem der Blutdruck jeweils im Stehen als Ruhewert und nach Kniebeugen wiederum im Stehen festgestellt wurde. Später ermittelten wir den Ruhewert zuerst im Liegen und ließen Stehversuch und Belastung folgen.

Richtlinien für die Durchführung der Kreislauffunktionsprüfung
1. Sofort nach Hinlegen werden Blutdruck und Puls gemessen, dann nach 3 und 5 Minuten.
2. Sofort nach dem Aufstehen, nach 2—4—6—8—10 Minuten wieder messen.
3. Hinlegen lassen, nach 3 und 5 Minuten wieder messen.
4. 36mal auf die Treppe steigen (ohne Hilfe! 2 Stufen 40 cm), Tempo 112 Schritte in der Minute.
5. Schnell hinlegen lassen, Blutdruck und Puls sofort messen, hierbei jedenfalls Puls und Blutdruck mit Hilfsperson genau gleichzeitig messen, nach 1—2—3—4—5 Minuten wieder messen (also bei 5 Min. 6. Wert).
6. Bei Z eintragen, nach wieviel Minuten Ruhewert oder niedrigerer Wert erreicht wird.

Als Ruhewert vor und nach dem Stehversuch werden jeweils der niedrigste der gemessenen systolischen Werte und der dazugehörige diastolische Wert sowie der gleichzeitige Puls eingetragen.

Beim *Schellong-Versuch* ist unter k) *der letzte Ruhewert* einzutragen und unter z) die Zeit, in welcher nach der Belastung dieser Ruhewert erreicht wird. Unter Ruhewert ist hier weder der Anfangsruhewert a, noch der Ruhewert nach dem Steh-Schellong g zu verstehen, sondern derjenige Wert, welcher nach Ablauf der Erholung nach der Belastung sich einstellt, der also wenigstens zweimal in gleicher Höhe gemessen wird. Eine etwa vorher auftretende tiefere Zacke ist zwar aufzuzeichnen, aber nicht als Ruhewert einzutragen.

Alle, auch die geringfügigen, auskultatorischen Befunde in Ruhe und nach Belastung sollen eingetragen werden. Ob sie wesentlich genug sind, um sie in der Fehlertabelle statistisch zu erfassen, kann nur der Untersucher entscheiden.

Eine Überprüfung der Liege-Ruhewerte in ihrem Verhältnis zu den Stehwerten des gleichen Jahres sofort und nach 2 und 4 Minuten zeigt, daß zu Beginn des Stehens nur in Ausnahmefällen der Blutdruck niederer ist als im Liegen. Da nun trotz des Wechsels der Methode vom 4. zum 5. Untersuchungsjahr ein deutlicher Anstieg des Ruheblutdrucks erfolgt, kann dieser Anstieg nicht Folge des Wechsels der Methode sein, er ist dagegen vermutlich noch um etwas stärker, als er in unseren Zahlen zum Ausdruck kommt. Ein besonders steiler Anstieg des Ruheblutdrucks ist jedoch bereits vom 3. zum 4. Untersuchungsjahr festzustellen, das dem Übergang vom 9. zum 10. Lebensjahr entspricht. Mithin können wir durch den Stuttgarter Vorversuch zeigen, daß der entscheidende Zeitpunkt, an dem das Entwicklungsgeschehen im Kreislauf in Bewegung kommt, bereits am Ende des 9. Lebensjahres liegt, denn die davor liegenden Werte zeigen recht stationäre Zahlen.

Dieser Zeitpunkt liegt bei Buben und Mädchen offenbar relativ gleichzeitig, es ist aber deutlich, daß die Mädchen die höheren Werte dann schneller erreichen. Für eine übersichtliche Form der Darstellung hat sich das Schema der

Tabelle 1. Systolischer Ruheblutdruck in % der Gesamtzahl

Geordnet nach Untersuchungsjahren, resp. durchschnittlichem Lebensjahr

1952	1953	1954	1955	1956	1957	1958	1959
7. Jahr	8. Jahr	9. Jahr	10. Jahr	11. Jahr	12. Jahr	13. Jahr	14. Jahr

a) unter 100 mmHg (bis 95 mm einschließlich)

	1952	1953	1954	1955	1956	1957	1958	1959
♂	63,0	64,1	63,5	46,0	22,3	17,3	10,0	4,8
	n = 227	n = 220	n = 230	n = 187	n = 192	n = 196	n = 191	n = 187
♀	56,0	61,8	68,0	40,1	16,7	11,5	9,2	3,8
	n = 214	n = 225	n = 225	n = 205	n = 209	n = 208	n = 198	n = 186

b) bei 100 und 105 mmHg
   n wie bei a)

♂	30,4	29,5	29,1	33,7	45,4	41,9	38,2	32,7
♀	30,5	26,6	23,0	39,4	36,0	35,5	32,7	23,7

c) bei 110 mmHg und darüber
   n wie bei a)

♂	6,6	6,4	7,4	20,3	32,3	40,8	51,8	62,5
♀	13,5	11,6	9,0	20,5	47,3	53,0	58,1	72,5

7. Jahr	8. Jahr	9. Jahr	10. Jahr	11. Jahr	12. Jahr	13. Jahr	14. Jahr

Tabelle 1 als besonders zweckmäßig erwiesen. Die Einteilung ergab sich bei der Bearbeitung der Werte des Grundschulalters, in dem die Gesamtverteilung der systolischen Werte noch nicht die spätere Breite hat und wurde aus Gründen der Vergleichsmöglichkeit beibehalten.

Wir haben zur Sicherung dieser Aussage jedoch das ganze Material von der Altersstufe 10,0 Jahre an auch nach Altersklassen aufgeteilt und diese Aufteilung sogar bis zu Vierteljahresaltersstufen vornehmen können. Dabei zeigt sich von Vierteljahr zu Vierteljahr ein ständiges Ansteigen des Ruhewertes, wobei immer die Mädchenwerte etwas über den Werten der Buben liegen.

Es interessiert nun vor allem die Frage, ob es gewisse Typen sind, die bei diesem Ansteigen des Ruheblutdrucks an der Spitze liegen. Zunächst wurden aus dem Gesamtmaterial die verschiedenen Reifestadien in Gruppen zusammengestellt. Dabei zeigt sich, daß die Accelerierten immer höher liegen als die Retardierten und die Allgemeinaccelerierten liegen über denjenigen, die zunächst nur durch ihre Körperlänge als „acceleriert" imponierten.

Als zweites Einteilungsprinzip wurden die Kretschmerschen Konstitutionstypen benutzt, wobei jedoch nur Kinder berücksichtigt wurden, die ganz überwiegend in ihrem Habitus pyknische oder athletische oder leptosome Prägung zeigten. Hier wurden die vergleichenden Zusammenstellungen zunächst nur für 1956 und 1957 gemacht und zeigten ebenfalls sehr deutlich, daß die Mädchen eher höhere Werte erreichen als die Buben. Ein allgemeiner Anstieg von einem Jahr zum anderen ist jedoch nur bei einzelnen Gruppen vorhanden, bzw. bedarf größerer Zahlen dieser ausgeprägten Körperbautypen um statistisch zum Ausdruck zu kommen. Von der Gesamtzahl aller Untersuchungsstellen werden sich eindeutige Ergebnisse zeigen lassen. Immerhin kann man sagen, daß athletische Typen auch schon in diesem Alter einen relativ hohen Blutdruck haben und daß dieser potenziert wird durch den Faktor der Acceleration. In deutlichem Gegensatz hierzu stehen die retardierten Leptosomen.

In Abbildung 1 stellten wir für 4 Jahre unsere Untersuchungsgruppen nach dem Gesichtspunkt relativ hohen Ruheblutdrucks zusammen. Aus Gründen der übersichtlichen Darstellung wurden dabei Buben- und Mädchenwerte zusammengeworfen und nur die Resultierenden dieser oft recht variierenden männlichen und weiblichen Kurven dargestellt. Es läßt sich so klarer zeigen, daß allgemeinaccelerierte Kinder besonders früh hohe Ruhewerte erreichen. Recht nahe liegen ihnen die accelerierten und dabei athletisch gebauten Kinder. Erst zwei Jahre später erreichen wachstumsaccelerierte Kinder sowie Athletiker der „Durchschnittskörperlänge" höhere Werte und noch ein weiteres Jahr dauert es, bis auch mehr als die Hälfte der Leptosomen und der Retardierten in ihrem Ruheblutdruck bei 110 mmHg und darüber liegen. Der größte Anteil hoher Werte findet sich später bei den accelerierten Athletikern (bei etwa 14 Jahren). Die „Norm" unserer Kinder, d.h. das Kollektiv ohne die Accelerierten und Retardierten, liegt in der Mitte.

Demnach erscheint während der Pubertät der Reifefaktor stärker verantwortlich für den Anstieg des Ruheblutdrucks als der Konstitutionsfaktor. Wenn der entscheidende Schub vorbei ist, wird der konstitutionelle Faktor offenbar der bestimmende und im Falle der accelerierten Athletiker überrunden hier die Buben die Mädchen mit 14 Jahren.

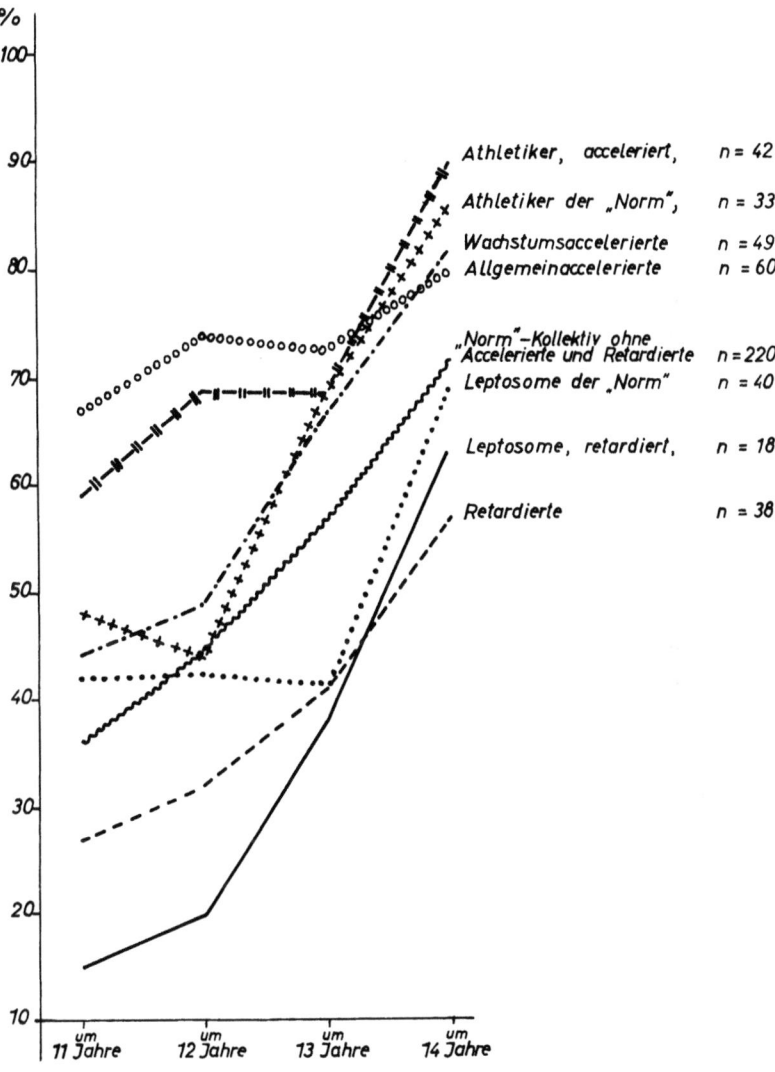

Abb. 1. Anteil hoher Ruheblutdruckwerte (110 mmHg und darüber) bei verschiedenen Untergruppen unserer Probanden, in % ihrer Gruppe. (Werte der Buben und Mädchen zusammengerechnet.)

Bei dem Vergleich der Werte der verschiedenen Körperbautypen untereinander, ebenso wie zwischen den accelerierten, normalen und retardierten Kindern erhebt sich natürlich die Frage, inwieweit es sich bei der RR-Methode um einen objektiven Wert handelt und wieweit er abhängig ist von dem Umfang des Armes, davon, ob er muskulös ist oder weich. Genau wird man darüber nur ein Urteil abgeben können, wenn man RR-Werte mit einem blutig gemessenen Wert vergleicht. Am wichtigsten erscheint dieser Punkt im Hinblick auf die dysplastischen Kinder. Da wir es aber bei jeder klinischen Beurteilung mit den RR-Werten zu tun haben, sind die von uns festgestellten Differenzen der einzelnen Typen von Bedeutung auch dann, wenn sie im exakten physiologischen Versuch einer Korrektur bedürfen würden. Selbst bei Berücksichtigung aller Vorbehalte zeigt Abb. 1 doch ein recht eindrucksvolles und gesetzmäßiges Verhalten der Entwicklung des systolischen Blutdrucks.

Läßt Abbildung 1 besonders gut den Unterschied der „Spitzenreiter" unserer verschiedenen Gruppen erkennen, so bringt Tabelle 2 den *arithmetischen Mittelwert* jeweils aller Probanden einer Gruppe. Wir sind hier aufgrund einer anderweitigen Empfehlung Freudenbergs vorgegangen (zitiert bei Dressler, Mschr. f. Kdhkd., Jan. 1960).

Die Zahlen des Kollektivs im Gegensatz zu denjenigen der „Norm" (= Kollektiv ohne Accelerierte und Retardierte) zeigen recht deutlich den Einfluß dieser beiden Gruppen auf den Mittelwert sowohl im Querschnitt der einzelnen Jahre wie im Anstieg der Gruppenmittelwerte zwischen dem Zeitpunkt „um 11 Jahre" und „um 14 Jahre alt".

Interessant ist ferner, wie die retardierten Buben während dieser Zeit 11 mmHg „aufholen" im Gegensatz zu den Allgemein-Accelerierten, die nur um 4 mmHg in ihrem Mittelwert sich ändern, da der wesentliche Anstieg dieser Gruppe eben früher liegt.

Einen zunächst unerklärlichen Wert finden wir bei den männlichen „wachstumsaccelerierten" Kindern im Alter von 14 Jahren, wobei die Probandenzahl allerdings nur 14 beträgt. Dieser Wert liegt um etwa 9 mmHg höher als alle anderen. Wir finden in dieser Gruppe jedoch eine ganze Reihe Buben, die eine dysplastische Komponente haben, d.h. sie sind groß und mächtig bei zurückbleibender Genitalentwicklung. Die Dysplastiker neigen aber allgemein zu hypertonen Werten (vgl. oben) und es dürfte anzunehmen sein, daß wir hier die Erklärung für diesen extremen Wert haben. Wir kommen auf die Gruppe der Dysplastiker in einer späteren Zusammenstellung noch gesondert zu sprechen.

Der Bericht über das Verhalten des systolischen Ruheblutdrucks kann nicht abgeschlossen werden ohne die Frage zu diskutieren, was wir unter diesem Wert verstehen. Bei allen bisherigen Aussagen ist der niedrigste Wert von jeweils

Tabelle 2. Arithmetische Mittelwerte des systolischen Ruheblutdrucks (in mm Hg)

	Kollektiv		„Norm"		Retardierte		Accelerierte vorw. allgem.		Accelerierte, vorw. wachst.		Athletiker der „Norm"		Allgem. acc. Athletiker	
	♂	♀	♂	♀	♂	♀	♂	♀	♂	♀	♂	♀	♂	♀
11 Jahre	106,3 (176)	108,6 (187)	106,0 (105)	107,3 (109)	102,2 (23)	106,3 (12)	110,2 (23)	114,1 (39)	107,6 (25)	106,7 (27)	102,8 (20)	111,9 (13)	110,8 (13)	113,3 (20)
12 Jahre	108,3 (183)	110,7 (189)	107,0 (107)	110,2 (117)	107,4 (25)	103,5 (13)	110,6 (24)	116,6 (34)	112,2 (27)	108,8 (25)	104,5 (22)	111,8 (13)	108,5 (13)	117,6 (21)
13 Jahre	109,8 (195)	111,7 (184)	108,8 (114)	111,6 (110)	108,3 (29)	103,3 (12)	114,5 (28)	114,9 (37)	110,0 (24)	111,2 (25)	109,8 (22)	112,5 (12)	113,7 (15)	115,8 (24)
14 Jahre	113,8 (117)	112,7 (131)	112,0 (66)	113,0 (82)	113,0 (22)	106,9 (8)	114,0 (15)	114,3 (23)	123,2 (14)	111,4 (18)	114,4 (16)	114,6 (12)	113,3 (9)	115,7 (15)

dre Messungen bei dem gleichen Kind benutzt worden, die — ab 1956 — sofort nach dem Hinlegen und drei und fünf Minuten danach durchgeführt wurden. Tabelle 3 zeigt, daß dieser niedrigste Wert in 48% der Fälle nach 5 Minuten erreicht wurde, zu denen man 17% hinzuzählen mag, deren Werte stationär waren. Immerhin ist bei 18 — 33% der Kinder mit einem Ansteigen des systolischen Blutdrucks während der Ruhelage zu rechnen.

Tabelle 3

Vor dem Stehversuch niedrigster Ruhewert des systolischen Blutdrucks

	♂	♀
sofort	n = 69 = 18,0%	n = 77 = 19,4%
nach 3 Min.	n = 63 = 16,4%	n = 55 = 14,0%
nach 5 Min.	n = 183 = 48,0%	n = 197 = 48,0%
gleichbleibend	n = 68 = 17,8%	n = 69 = 17,5%
Ges. Zahl	n = 383	n = 398

Tabelle 4

Nach dem Stehversuch niedrigster Ruhewert des systolischen Blutdrucks

	♂	♀
nach 3 Min.	n = 156 = 40,2%	n = 158 = 40,5%
nach 5 Min.	n = 142 = 37,5%	n = 144 = 36,8%
gleichbleibend	n = 85 = 22,5%	n = 89 = 22,8%
	n = 383	n = 391

Wir haben nun noch einen zweiten „Ruhewert" zur Verfügung, denn gleich nach dem Stehversuch von 10 Minuten Dauer lagen die Kinder wiederum lang auf einem Ruhebett, wobei nach drei und fünf Minuten die Blutdruckwerte erhoben wurden. In dieser Phase — siehe Tabelle 4 — stiegen 40 % in ihrem Ruhewert während des Liegens an, und es ist zu diskutieren, ob die 33% der ersten Gruppe nicht diesen gleichen Effekt „nötige Erholung nach Belastung durch aufrechte Körperhaltung" zeigen. Wir brauchen selbstverständlich für unsere Vergleichsuntersuchungen einen sicher definierten Ruhewert, eben den „niedrigsten vor dem Stehversuch", aber wir müssen uns darüber klar sein, daß dieser nicht unbedingt dem „physiologisch richtigsten" Ruhewert entspricht. Wahrscheinlich bringt uns auch in diesem Punkt die restliche Auswertung unseres Materials noch weiter.

Vergleichen wir nun, in wieviel Fällen der absolut niedrigste Ruhewert *vor* dem Stehversuch und wie oft er *nach* dem Stehversuch vorhanden war, so erhalten wir Tabelle 5.

Tabelle 5

Absolut niedrigster Ruhewert

	♂	♀
vor dem Stehversuch	n = 97 = 26,5%	n = 76 = 19,2%
nach dem Stehversuch	n = 210 = 54,5%	n = 230 = 58,0%
vor = nach	n = 78 = 20,0%	n = 89 = 22,5%
	n = 385	n = 395

Nach den vorstehenden Überlegungen kann man nur bei den etwa 20% Kindern mit stationären Werten diesen niedrigsten Wert vorbehaltlos als echten Ruhewert bezeichnen und muß erst die Frage der physiologischen Belastung durch den Stehversuch klären, ehe man sich etwa entschließt, diesen zweiten Ruhewert als Vergleichswert für sämtliche weitergehenden Berechnungen zu benutzen.

Wir haben für die Tabellen 3 bis 5 die Befunde zweier Jahre zusammen verarbeitet, um möglichst große Zahlen zu haben. Es ist interessant, wie sehr gleichmäßig in diesen Punkten Buben und Mädchen reagieren, einzig in Tabelle 5 tritt eine leichte Verschiedenheit auf. Auch läßt sich nachweisen, daß — ebenso wie beim Kollektiv — bei der Gesamtheit der accelerierten und der retardierten Kinder die systolischen Ruhewerte nach dem Stehversuch etwas niedriger im Durchschnitt liegen als vor dem Stehversuch.

Tabelle 6. Mittelwert des systolischen Blutdrucks (in mm Hg)
Höchstwert nach der Belastung

	Kollektiv		„Norm"		Retardierte		Accelerierte, A.		Accelerierte, W.	
	♂	♀	♂	♀	♂	♀	♂	♀	♂	♀
11 Jahre	123,1 (176)	132,6 (187)	122,6 (105)	131,5 (109)	119,5 (23)	120,7 (12)	120,4 (23)	139,6 (39)	131,0 (25)	133,7 (27)
12 Jahre	129,1 (183)	139,0 (189)	126,9 (107)	136,1 (117)	124,4 (25)	127,3 (13)	136,0 (24)	153,5 (34)	136,5 (27)	138,7 (26)
13 Jahre	132,6 (195)	142,1 (184)	129,8 (114)	140,0 (110)	131,8 (29)	126,5 (12)	139,6 (28)	153,6 (37)	139,6 (24)	142,6 (25)
14 Jahre	139,1 (117)	141,9 (131)	136,1 (66)	140,0 (82)	136,0 (21)	134,3 (8)	144,3 (15)	147,8 (23)	151,4 (14)	146,2 (18)

(n)   Probandenzahl in Klammern

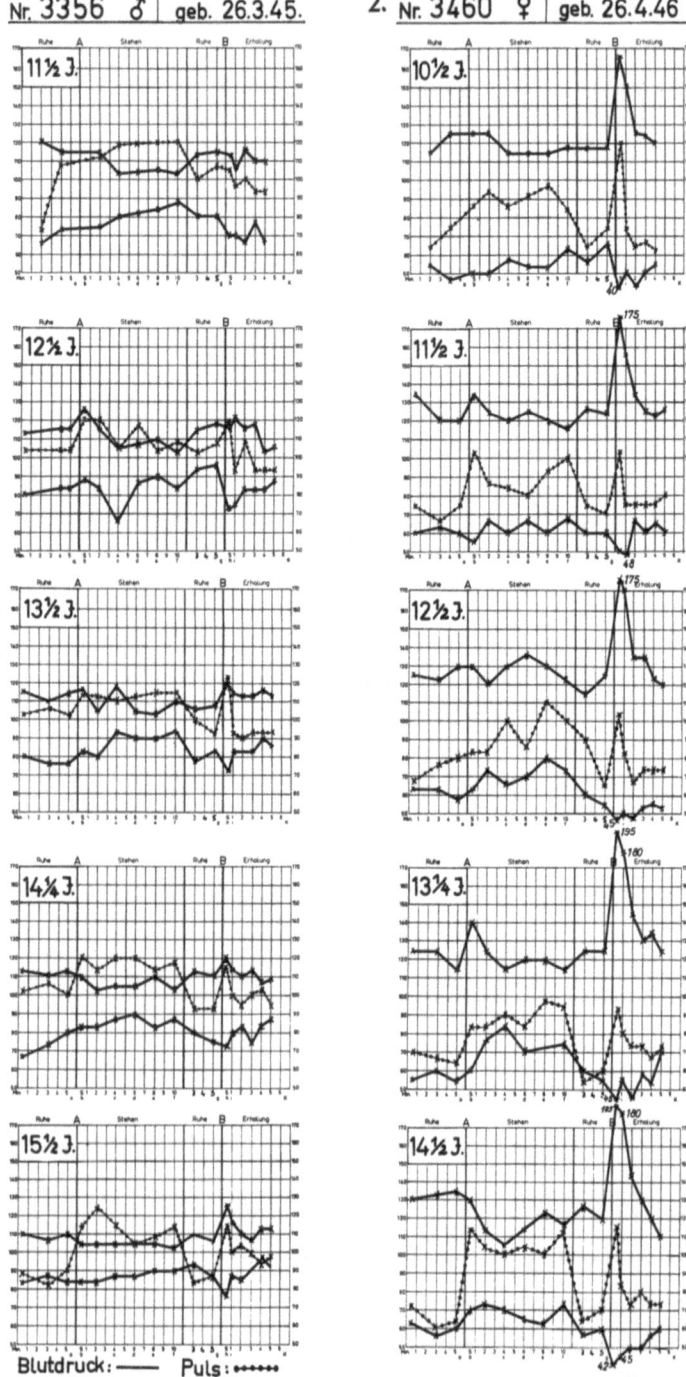

Abb. 2. Schellongkurven vier verschiedener Kinder jeweils über 5 Jahre hinweg

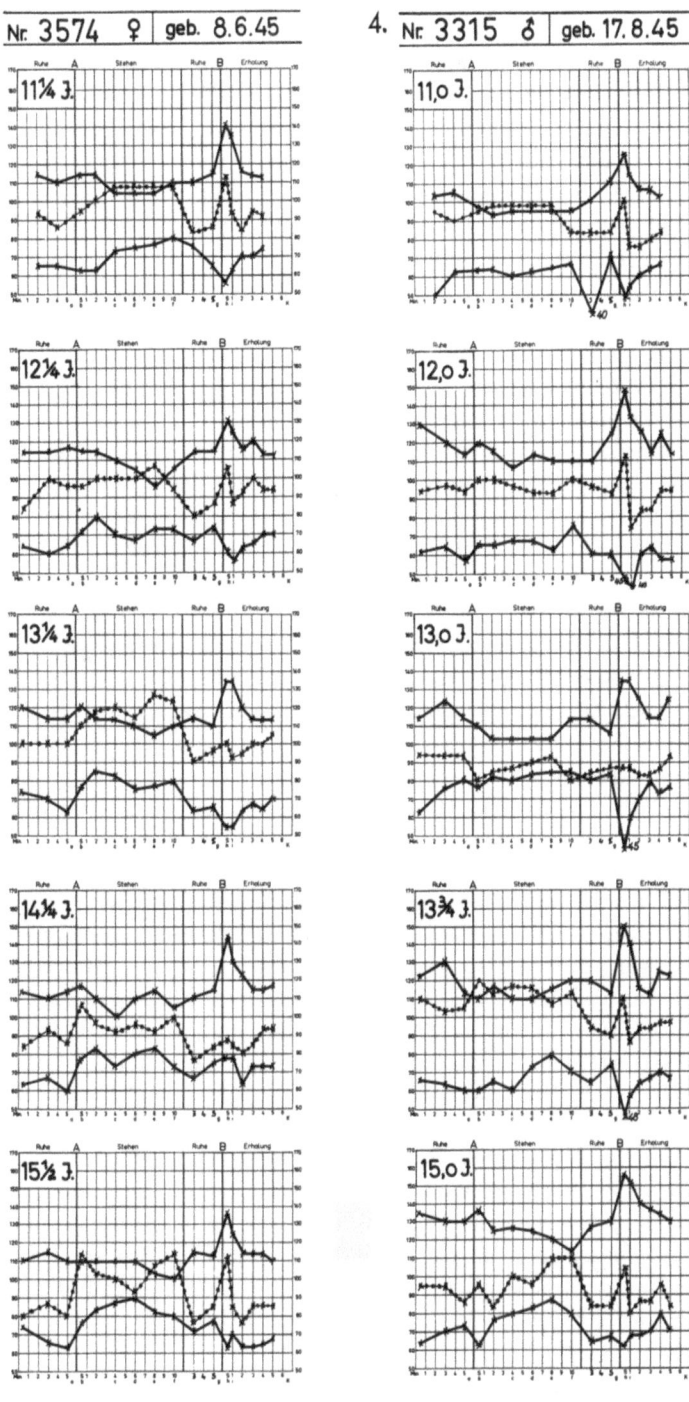

Über die Mittelwerte unserer *Funktionsprüfung* wird weiter unten berichtet. Hier soll nur eine Betrachtung des *systolischen Blutdrucks sofort nach der Belastung* angeschlossen werden, wie er sich in den arithmetischen Mittelwerten unserer verschiedenen Reifegruppen im Verlaufe von 4 Jahren darstellt (vgl. Tabelle 6). Auch nach der Belastung sehen wir — entsprechend der Ruhelage — ein entschiedenes Ansteigen der Werte in allen Gruppen. Nahezu in jedem Einzelwert liegen die Mädchen höher als die Buben, nur die älteren retardierten Mädchen fallen wieder durch geringen Anstieg auf; und bei den höheren Werten der wachstumsaccelerierten Buben ist wie bei der Ruhelage die Fehlermöglichkeit durch den starken Oberarmumfang zu bedenken. Sehr deutlich ist auch hier die große Spanne zwischen den accelerierten Kindern einerseits und den retardierten andererseits.

Den folgenden Abschnitten über diastolischen Blutdruck, Amplitude, Puls und den bisher möglichen Aussagen über die Kreislauffunktionsprüfung stellen wir das Ergebnis des *Schellongversuches bei vier Kindern in fünf aufeinanderfolgenden Jahren* in Abbildung 2 voran (das fünfte Jahr konnte vor Drucklegung dieser Schrift hier noch mitgenutzt werden). Wir sehen einerseits, daß dem kontinuierlich ansteigenden *Mittelwert* des Ruheblutdrucks beim Individuum — natürlich — nicht so sauber ansteigende Werte entsprechen müssen. Andererseits zeigen diese vier Kurvenfolgen in sehr eindrucksvoller Weise, wie persönlichkeitsspezifisch die Kreislaufreaktionen verlaufen können. Man glaubt doch im Allgemeinen, solche Funktionsprüfungen unter ganz besonderen Kautelen vornehmen zu müssen, um ihr Ergebnis verwerten zu können und in gewisser Weise bestehen in unserem Fall auch solche Kautelen, da die Untersuchungssituation — und der Untersucher, der in Stuttgart nur nach dem 1. Jahr wechselte — den Kindern im Laufe der Jahre selbstverständlich vertraut wurden. Indessen wurden als ausgleichende körperliche Ruhepause weder Grundumsatzbedingungen noch auch nur eine halbstündige Ruhelage vorgeschaltet, sondern lediglich 5 Minuten Flachliegen. Und wir sehen, daß für den Kurvenverlauf weit wichtiger als alle äußeren Faktoren die typische vegetative Einstellung des Individuums ist, die ihm als Anlage mitgegeben ist. Entsprechend fanden wir bei den Grundschulkindern über drei Jahre hin in 61,8% einen stabilen Ruheblutdruck (vgl. Mansfeld, Zschr. f. Kreislaufforschg., Bd. 47, S. 216). In Kurvenfolge 1 ist der Prototyp eines Orthostatikers wiedergegeben. Wir sehen in jedem Jahr eine relativ weite Ausgangsamplitude mit schon recht hoch liegendem Ruhepuls. Während des Stehens engt sich die Amplitude stark ein und der Puls steigt weiter an. Selbst auf die Belastung reagiert der Junge in jedem Jahr gleich mit kaum meßbarem Anstieg des systol. Druckes, mit geringfügiger Pulsbeschleunigung und mit sehr wenig ergiebiger negativer Zacke des diastolischen Blutdrucks. Im Gegensatz hierzu steht die Kurvenfolge 2: fünf

Jahre hindurch zeigt der Proband eine sehr weite Ausgangsamplitude, die während des Stehversuchs allenfalls im 4. Jahr nennenswert enger wird. Der Puls steigt im Verhältnis zum Ruhewert gleichmäßig stark an. Nach der Belastung erfolgt ein kräftiger Anstieg des systolischen Wertes, ein entschiedenes Absinken des diastolischen RR und eine kräftige Pulszacke.

Es war ein Leichtes, aus unseren etwa 360 Kindern, die durch 4 Jahre hin eine dem Schellong ähnliche Kreislauffunktionsprüfung machten, Kurvenbilder wie 1 und 2 in größerer Zahl herauszufinden. Sehr schwierig war es dagegen, Kinder mit deutlich von einem zum anderen Jahr wechselnder Reaktionsform herauszufinden. Kurvenfolge 3 zeigt einen solchen Fall. Dabei zeigen auch diese Kurven doch jedes Jahr in anderer Ausdrucksform die gleichen vegetativen Grundzüge: die Pulslage ist leicht erhöht, im 1. und 4. Jahr überschreitet ihre Kurve die des systolischen Blutdrucks, im dritten ist dafür die Amplitude wesentlich eingeengt, nur im zweiten Jahr haben wir ein annähernd einwandfreies Bild vor uns, jedoch auch hier relativ hohe Pulswerte. An diesem Beispiel läßt sich recht gut die Tatsache zeigen, die bei unserem großen Material oft deutlich wird, daß bei orthostatischer Schwäche, bzw. der Anlage dazu, Amplitudeneinengung und Pulsanstieg im Stehversuch vikariierend auftreten können, bzw. schon der Ruhepuls relativ hoch ist.

Nach der Belastung haben wir im Fall 3 auch keine entscheidenden Unterschiede im Kurvenbild. Es ist nochmals hervorzuheben, daß Fall 3 ein besonders krasses Beispiel für wechselnde Kurvenextreme darstellt.

Folge 4 zeigt den „Durchschnitts-Schellong", d. h. das häufigste Kurvenbild, jedoch nicht etwa Mittelwerte: mittlere Kreislaufwerte mit ausreichender Steh-Amplitude und mittelkräftiger Belastungsreaktion. Auch hier zeigt der Pulsverlauf eine leichte vegetative Labilität, wie wir sie im Übrigen in diesen Pubertätsjahren als selbstverständlich ansehen.

Der Fall 1 der Abbildung 2 ist ein Musterbeispiel für 45 ähnliche Kinder bei einer Gesamtzahl von etwa 370. Kinder mit ähnlichem Verhalten wie Fall 2 sind etwa 25 unter unseren Probanden. Dem Fall 3 entsprechen etwa 35 Kinder (mit weniger deutlichen Abweichungen) und etwa 250 Kinder entsprechen der „Durchschnittskurve". Sie verkörpern dabei alle Möglichkeiten zwischen den Extremgruppen 1 und 2. Abbildung 2 zeigt im Übrigen, daß bei so stark persönlichkeitsgebundener Verlaufsform des Schellong eine solche Funktionsprüfung während der Sprechstunde doch sehr aufschlußreich sein kann.

Der diastolische Blutdruck

Als „diastolischen Wert" haben wir jeweils denjenigen verzeichnet, bei dem das arterielle Geräusch plötzlich leiser wurde. Bis auf wenige Ausnahmen ist dieser Augenblick recht eindeutig. Für den „diastolischen Ruhewert" wurde diejenige Zahl verwendet, die zu dem gleichzeitigen niedrigsten systolischen Ruhewert gehört. Es ist nicht immer auch der niedrigste diastolische Wert. Im Gegensatz zum systolischen Blutdruck zeichnet sich der diastolische RR durch erheblich stationäre Werte aus. Er pendelt im Allgemeinen zwischen 50 und 70 mmHg. Bei unseren rund 370 Kindern, von denen die Hälfte Buben sind, hatten nur etwa 4% einen im Durchschnitt über 70 mmHg liegenden diastolischen Blutdruck in den drei Ruheperioden vor und nach dem Stehversuch sowie nach der Belastung. Während des Stehversuchs steigt die Zahl der über 70 mm liegenden auf etwa 20% an. In beiden Fällen haben die Mädchen an diesen höheren Werten einen etwas größeren Anteil als die Buben, während es bei den besonders niedrigen Werten umgekehrt ist. Unter 50 mmHg im Durchschnitt liegen diastolisch nur rund 2,5% (und im Stehversuch kommt dies nur in Einzelfällen vor). Beziehen wir uns nur auf den zum „niedrigsten systolischen Ruhewert vor dem Stehversuch" gehörigen diastolischen Wert, so liegt dieser bei knapp 90% der Kinder zwischen 50 und 70 mmHg, welche Zahl sich in den Jahren 1956, 1957 und 1958 praktisch gleichbleibt.

Normalerweise wird der absolut niedrigste diastolische Wert beim Individuum während des Schellongs nach der Belastung verzeichnet. Unter all unseren Kindern hatten bei entsprechender Durchsicht eines Jahres nur zwei ihren tiefsten Wert während der Ruhe und nur fünf während des Stehversuchs, 98% also nach der Belastung. Zu diesem Zeitpunkt traten entsprechend auch die größten Abweichungen vom Durchschnittswert auf. Die größten Differenzen zwischen niedrigstem und höchstem diastolischem Wert beim Individuum während des Schellong betrugen 40 — 50 mmHg; dies nur in sechs Fällen, wobei es sich allemal um Buben handelte. Differenzen von 30 — 35 mmHg kamen 43 mal vor (bei 19 Buben und 24 Mädchen). Bei 87,5% unserer Probanden betrug die größte Differenz zwischen höchstem und niedrigstem diastolischem Wert während des ganzen Schellong mithin nicht mehr als 25 mmHg. (Diese Angaben gelten für etwa 12jährige Kinder.) Wir kommen nur zur Bewegung der diastolischen Ruhe-Blutdrucklage im Längsschnitt der Entwicklung:

Zu diesem Zweck wurden ebenfalls die arithmetischen Mittelwerte berechnet und die Kinder in Altersklassen um 11 Jahre, um 12 Jahre, um 13 Jahre und um 14 Jahre zusammengefaßt. Wiederum steigt — wie beim systolischen Ruhewert — dieser Mittelwert von Jahr zu Jahr an und zwar in allen Gruppen, bei dem Kollektiv, der „Norm", bei den Retardierten, den Accelerierten und den Athletikern, nur ist das Ausmaß dieses Anstiegs nicht stark entsprechend der allgemein geringeren Variabilität des diastolischen Blutdrucks. Nur bei den retardierten Jungen haben wir während der drei dazwischenliegenden Jahre

Tabelle 7. Arithmetischer Mittelwert des diastolischen Blutdrucks

	Kollektiv		„Norm"		Retardierte		Accelerierte, vorw. allgem.		Accelerierte, vorw. wachst.		Athletiker d. „Norm"	
	♂	♀	♂	♀	♂	♀	♂	♀	♂		♂	♀
11 Jahre	60,2 (177)	60,3 (189)	60,2 (106)	60,4 (109)	55,9 (23)	62,9 (14)	60,2 (23)	59,5 (39)	63,8 (25)	59,6 (27)	60,0 (20)	62,7 (13)
12 Jahre	61,4 (182)	61,9 (185)	60,7 (106)	62,1 (113)	58,6 (25)	63,1 (13)	63,8 (24)	62,4 (33)	64,8 (27)	59,8 (26)	60,0 (22)	58,5 (13)
13 Jahre	63,6 (192)	63,9 (183)	62,8 (110)	63,9 (109)	64,0 (30)	64,2 (12)	64,5 (28)	64,7 (37)	65,4 (24)	62,8 (25)	62,7 (22)	63,8 (12)
14 Jahre	64,2 (115)	66,6 (130)	63,3 (65)	65,8 (84)	65,0 (21)	69,4 (8)	62,7 (15)	65,5 (22)	68,6 (14)	71,3 (16)	63,1 (16)	63,8 (12)

(n) Probandenzahl in Klammern

einen Anstieg um 9 mmHg, während er sonst etwa 4 mm beträgt. Vgl. hierzu Tabelle 7, bei der wir auch im diastolischen Mittelwert im Übrigen die accelerierten Kinder in den ersten beiden Jahren wesentlich über den retardierten liegen sehen, während sich dies bei den 13jährigen auszugleichen beginnt.

Ein Vergleich des diastolischen Ruhewertes in unseren arithmetischen Mittelwerten vor und nach dem Stehversuch (jeweils zum systolischen Ruhewert gehörig) zeigt, daß dieser spätere Ruhemittelwert in 4 Jahren um rund 3 mm höher liegt als der vor dem Stehversuch, wogegen der Ruhewert nach der Belastungsprüfung zwischen diesen beiden liegt.

Die Amplitude und ihre Veränderungen

Besonders wichtig erscheint das Amplitudenverhalten während des Stehversuchs. Wir wollen aber zunächst das Ausmaß der Amplitude in der Ruhe besprechen. Die Verteilung der Amplitudenweiten beim Ruhewert vor und nach dem Stehversuch zeigt Abbildung 3 jeweils im prozentualen Anteil dargestellt für das Kollektiv im Jahre 1956 und 1957. Für die Buben der Altersklassen um 12, 13 und 14 Jahre zeigt ein Vergleich der Mittelwerte der Amplitudenweite, daß nach dem Stehversuch noch eine Einengung vorhanden ist (siehe Tab. 8).

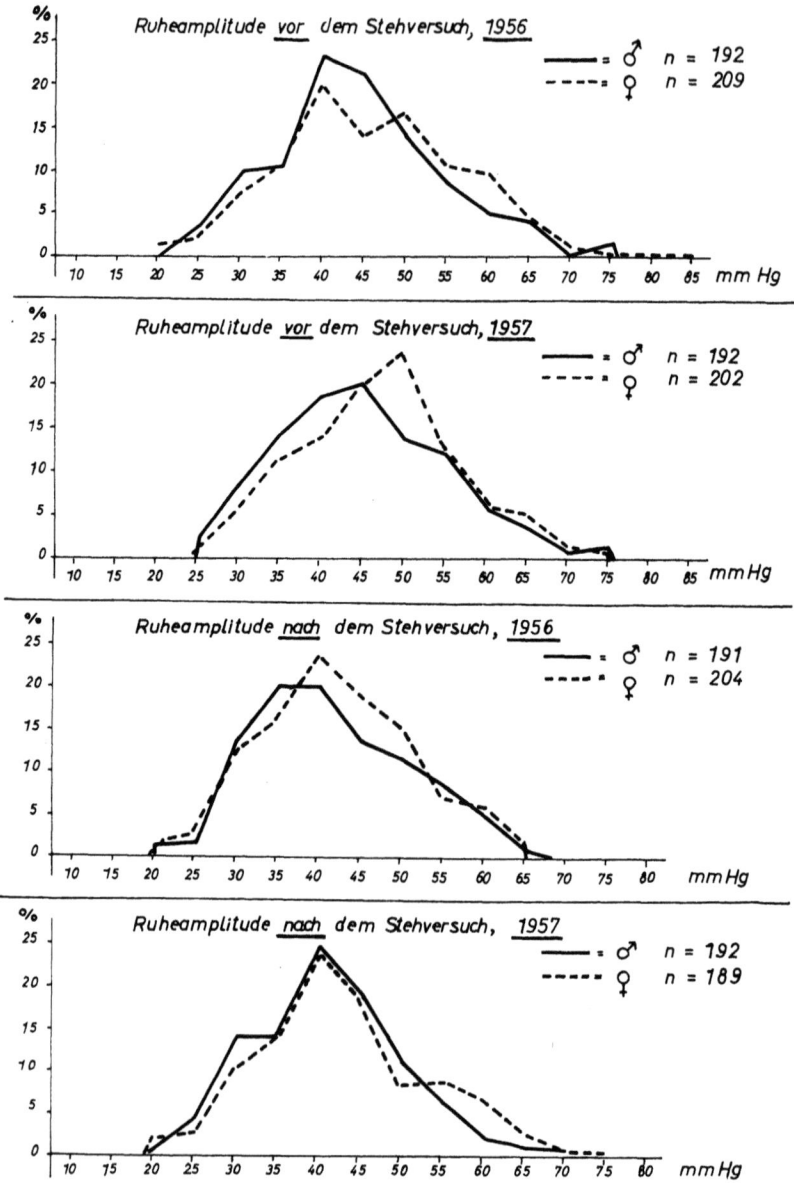

Abb. 3. Verteilung der Amplitudenbreiten beim Ruhewert vor und nach dem Stehversuch.

Tabelle 8. Arithmetische Mittelwerte der Ruheamplitude in mmHg bei Buben

	Vor dem Stehversuch	Nach dem Stehversuch	Nach der Belastung
12 Jahre (66)	41,7	37,2	41,5
13 Jahre (189)	47,4	44,7	44,3
14 Jahre (116)	51,3	46,6	49,9

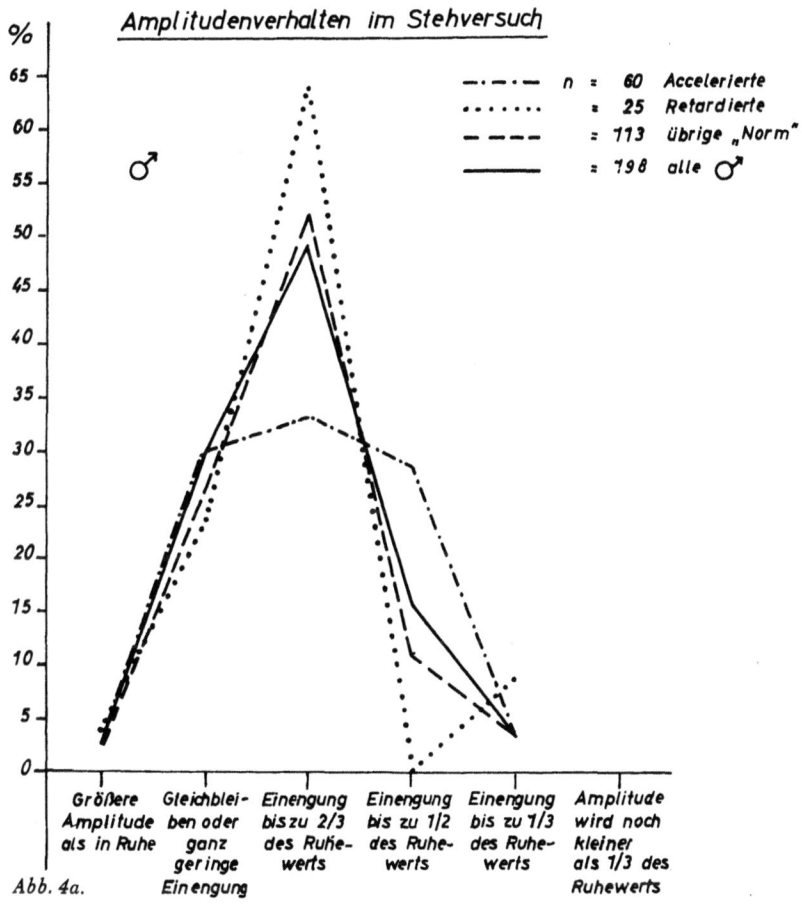

Abb. 4a.

Abbildung 4 zeigt danach das Verhalten der Amplitude im Stehversuch, dargestellt für Buben und Mädchen getrennt und zwar für das Kollektiv, für accelerierte und für retardierte Kinder, sowie für die „Norm" ohne diese an Größe und Reife Vorauseilenden oder Zurückgebliebenen. Es wurden hierbei die Ergebnisse des Schellongs 1956, also bei rund 11jährigen Kindern, verwertet. Wir sehen, daß im Durchschnitt bei 50% der Kinder all dieser Gruppen die Amplitude auf 2/3 des Ruhewertes verkleinert wird (entsprechend dem „Normalverhalten" nach KLINKE).

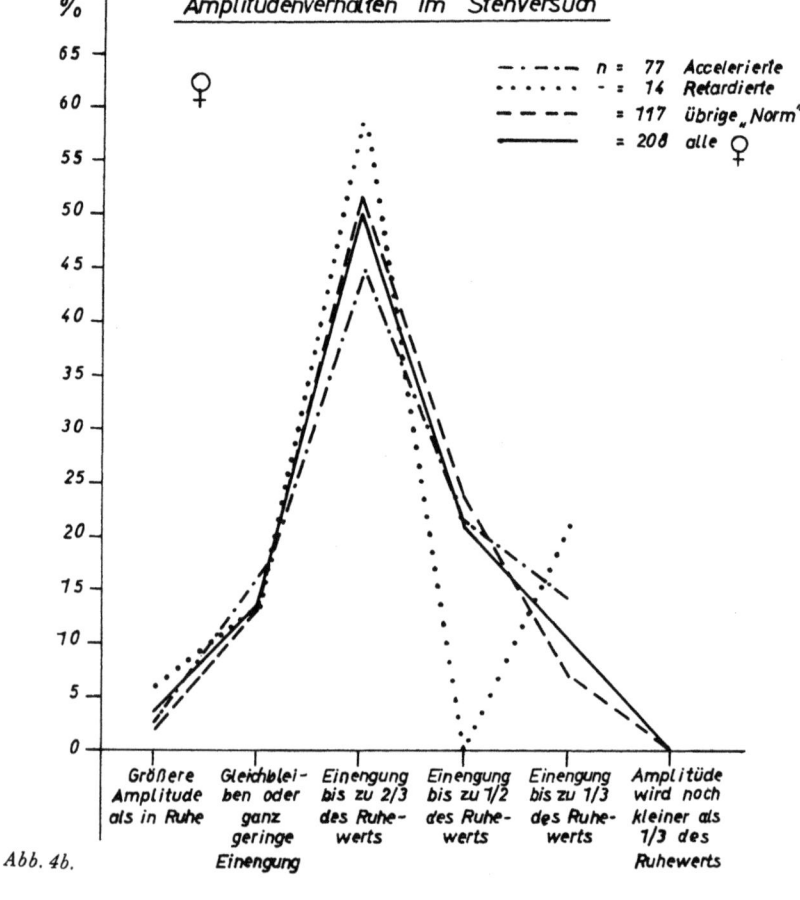

Abb. 4b.

Dabei betrifft diese Aussage jedoch nur den einen geringsten gemessenen Wert und sagt noch wenig aus über die Bewegung im Verlauf des 10 Minuten langen Stehens, die ja viel maßgeblicher für die Frage orthostatischer Erscheinungen ist. Wir bemühen uns daher in anderer Darstellungsform um weitere Klärung. Dazu wurde der arithmetische Mittelwert der größten und der kleinsten Amplitude während des Stehversuchs berechnet und in den Tabellen 9 a und b aufgezeichnet.

Wir sehen fast überall ein weiteres Größerwerden des höchsten Amplitudenwertes im Lauf der Entwicklung, während die kleinste Amplitude stärker wechselt. Auffällig sind nur die sehr niedrigen Mittelwerte für die kleinste gemessene Amplitude bei den retardierten Mädchen.

Die Unruhe in den Zahlen bei der engsten Stehversuchamplitude klärt sich jedoch, wenn wir einen Schritt weiter tun und die Differenz zwischen größter und kleinster Amplitude während des Stehversuchs berechnen (immer für die Mittelwerte). Diese Differenz muß umso größer sein, je unruhiger die Schellong-Kurve verläuft, bzw. je labiler die Kinder während des Stehens sind.

Wir sehen nun an Tabelle 9c, daß diese Differenz beim Kollektiv und bei der „Norm" sowie bei den Retardierten von Jahr zu Jahr größer wird, sowohl bei den Buben wie bei den Mädchen und daß im Querschnitt die Differenz bei den Mädchen bei den großen Gruppen höhere Werte zeigt als für die Buben.

Der Trend zum Ansteigen der Werte wird auch bei den Untergruppen deutlich. Es fragt sich, ob bei den allgemeinaccelerierten Buben, bei welchen im letzten Jahr ein leichter Rückgang zu verzeichnen ist, hier ein Fehler durch die kleinen Probandenzahlen auftritt oder ob bei diesen unseren „Spitzenreitern der Entwicklung" sich schon in diesem Alter vorwiegend männliche und vorwiegend weibliche Kreislaufeigenschaften manifestieren. Mit dieser Deutung muß man natürlich sehr vorsichtig sein, immerhin sprechen noch andere Befunde in dieser Richtung.

Der Puls

Auch für den Vergleich der Pulsfrequenz in der Ruhe und während des Schellong-Versuchs haben wir einerseits Mittelwerte aufgestellt und andererseits einzelne Jahresergebnisse in ihrer prozentualen Verteilung errechnet. Für den „Ruhepuls" wurde wiederum der Wert benutzt, der gleichzeitig mit dem niedrigsten systolischen Ruheblutdruck festgestellt wurde. Dies ist (für ein Jahr — 1956 — registriert) nur in 2/3 der Fälle auch der niedrigste Pulswert. Die Abweichungen sind aber meist unerheblich.

Tabelle 9

a) *Arithmetische Mittelwerte für die größte Amplitudenweite während des Stehversuchs in mmHg*

	Kollektiv		„Norm"		Retardierte		Accelerierte, vorw. allgem.		Accelerierte, vorw. Wachst.		Athletiker der „Norm"	
	♂	♀	♂	♀	♂	♀	♂	♀	♂	♀	♂	♀
11 Jahre	42,4 (178)	44,8 (190)	40,9 (107)	44,5 (111)	44,8 (23)	39,6 (14)	47,8 (23)	48,1 (39)	41,2 (25)	40,2 (26)	43,8 (20)	47,3 (13)
12 Jahre	44,3 (183)	46,9 (184)	43,1 (107)	46,3 (112)	47,3 (24)	38,8 (13)	47,9 (24)	53,1 (33)	43,0 (27)	45,8 (26)	43,1 (22)	44,2 (13)
13 Jahre	44,5 (197)	45,9 (187)	42,7 (113)	45,1 (113)	45,7 (30)	42,1 (12)	49,3 (29)	49,5 (38)	44,2 (25)	45,4 (25)	44,5 (22)	47,5 (12)
14 Jahre	47,8 (115)	46,4 (125)	46,9 (66)	45,8 (74)	50,6 (21)	42,5 (8)	44,3 (14)	51,0 (21)	51,1 (14)	45,9 (17)	51,9 (16)	45,4 (12)

b) *Kleinste Amplitudenweite während des Stehversuchs in mmHg*

	Kollektiv		„Norm"		Retardierte		Accelerierte, vorw. allgem.		Accelerierte, vorw. Wachst.		Athletiker der „Norm"	
	♂	♀	♂	♀	♂	♀	♂	♀	♂	♀	♂	♀
11 Jahre	30,2	29,6	29,0	29,5	32,7	25,4	35,4	31,3	28,3	29,6	30,3	33,5
12 Jahre	28,1	29,2	27,8	29,3	30,2	23,5	30,3	33,0	25,9	26,6	26,6	29,2
13 Jahre	28,0	27,5	27,0	27,0	28,5	25,8	32,5	29,5	27,2	27,6	25,9	28,8
14 Jahre	30,5	27,4	30,8	27,1	31,4	24,4	29,0	29,8	29,6	27,4	30,9	27,9

c) *Differenz zwischen größter und kleinster Amplitudenweite während des Stehversuchs in mmHg*

	Kollektiv		„Norm"		Retardierte		Accelerierte, vorw. allgem.		Accelerierte, vorw. Wachst.		Athletiker der „Norm"	
	♂	♀	♂	♀	♂	♀	♂	♀	♂	♀	♂	♀
11 Jahre	12,2	15,2	11,9	15,0	12,1	14,2	13,4	16,8	12,9	10,6	13,5	16,8
12 Jahre	16,2	17,7	15,3	17,0	17,1	15,3	17,9	20,1	17,1	19,2	16,5	15,0
13 Jahre	16,5	18,4	15,7	18,1	17,2	16,3	16,8	20,0	17,0	17,8	18,6	18,7
14 Jahre	17,3	19,0	16,1	18,7	19,2	18,1	15,3	21,2	21,5	18,5	21,0	17,5

Tabelle 10

a) *Mittelwerte des Pulses — Ruhewert vor dem Stehversuch*
   (in Klammern n der Gruppen)

	Kollektiv		Norm		Retardierte		Accelerierte, A.		Accelerierte, W.		Athletiker d. N.	
	♂	♀	♂	♀	♂	♀	♂	♀	♂	♀	♂	♀
11 Jahre	86,8 (176)	90,5 (184)	86,8 (105)	90,9 (106)	87,4 (23)	91,4 (14)	86,1 (23)	90,0 (37)	87,2 (25)	88,8 (27)	84,5 (20)	90,7 (13)
12 Jahre	86,7 (182)	90,6 (183)	82,1 (107)	90,7 (110)	86,2 (24)	89,2 (13)	84,6 (24)	90,0 (34)	88,8 (27)	91,9 (26)	86,8 (22)	89,2 (12)
13 Jahre	85,5 (194)	88,8 (180)	84,9 (114)	88,0 (108)	86,5 (24)	86,6 (12)	88,5 (28)	88,3 (35)	85,7 (23)	88,8 (25)	83,6 (22)	90,8 (12)
14 Jahre	85,8 (117)	87,9 (129)	85,4 (66)	88,8 (81)	85,5 (22)	88,7 (8)	86,6 (15)	86,5 (23)	87,1 (14)	85,9 (17)	86,6 (15)	85,0 (12)

b) *Mittelwerte des Pulses — Höchster Wert im Stehversuch*

	Kollektiv		Norm		Retardierte		Accelerierte, A.		Accelerierte, W.		Athletiker d. N.	
	♂	♀	♂	♀	♂	♀	♂	♀	♂	♀	♂	♀
11 Jahre	105,4	109,9	105,9	108,7	101,7	110,0	104,3	113,8	103,6	108,9	105,5	110,0
12 Jahre	107,9	111,7	107,3	111,7	108,0	103,1	108,3	114,4	110,0	112,3	105,5	113,8
13 Jahre	108,2	112,7	107,1	113,6	103,0	109,2	114,6	111,4	112,2	112,9	106,4	110,8
14 Jahre	109,0	110,9	108,0	111,2	108,6	111,3	114,7	107,2	108,6	114,1	104,7	104,2

c) *Mittelwerte des Pulses — Höchster Wert nach der Belastung*

	Kollektiv		Norm		Retardierte		Accelerierte, A.		Accelerierte, W.		Athletiker d. N.	
	♂	♀	♂	♀	♂	♀	♂	♀	♂	♀	♂	♀
11 Jahre	103,0	111,6	102,6	110,8	103,2	110,7	103,5	115,5	104,4	110,4	101,6	109,2
12 Jahre	101,6	109,0	101,1	108,3	102,1	104,6	97,5	112,4	107,0	110,0	97,3	109,2
13 Jahre	99,7	110,4	98,0	111,0	100,0	103,3	102,9	112,7	103,5	107,5	97,6	106,7
14 Jahre	101,3	109,5	100,9	111,1	100,5	102,9	104,0	106,3	101,4	109,2	100,7	100,0

Die Mittelwerte für unsere verschiedenen Gruppen sind in Tabelle 10 zusammengestellt. Die Angaben für den arithmetischen Mittelwert des Pulses sind aufgrund des in viel mehr Einzelwerte aufgeteilten Ausgangsmaterials nicht ganz so exakt wie beim Blutdruck, da zur Vereinfachung für das Rechnen Gruppen gebildet wurden.

Dies Verfahren ist zweifellos nicht ideal, beim Einzel-Rechnen aber nicht zu umgehen. Auch hier werden Hollerithberechnungen unserer gesamten Ergebnisse einmal genauere Zahlen bringen.

Wir sehen in Tabelle 10, daß der Ruhepuls in seinen Mittelwerten nicht solche Unterschiede in den einzelnen Untersuchungsgruppen zeigt, wie wir das bei den Blutdruckqualitäten feststellten. Auch von Jahr zu Jahr sind keine gleichförmigen Veränderungen festzustellen. Man kann sagen, daß der Mittelwert in allen Kategorien bei den Buben um 85 Schläge in der Minute beträgt, bei den Mädchen um 88/Min.

Tabelle 10b zeigt die Mittelwerte für den jeweils höchsten Stehversuchpuls. Hier ist häufig ein Ansteigen vom 12. bis zum 15. Lebensjahr hin festzustellen, was mit der zunehmenden Amplitudendifferenz gleichsinnig zu beurteilen ist (siehe Tabelle 9c). Die Reaktion während des Stehversuchs wird mit dem Hineinwachsen in die Pubertät labiler. Auch hier liegen die Mädchen meist höher als die Buben.

Die andersartige Reaktion der Herzarbeit auf eine Belastung durch Stehen oder durch Muskelarbeit zeigt sich sehr schön im Vergleich der Tabellen 10b und 10c. In der letzteren ist der höchste Pulswert nach Belastung durch unseren Stufentest in Mittelwerten zusammengestellt und wir sehen, daß diese stärkste Frequenzerhöhung bei den Buben fast in jeder Kategorie und bei den Mädchen meistens wesentlich geringer ist als während des Stehversuchs. Im Übrigen zeigt sich hier kein deutliches Ansteigen von Jahr zu Jahr, in manchen Gruppen eher ein Absinken. Sehr deutlich wird jedoch in Gruppen mit großer Probandenzahl, daß die Mädchen nach solcher Belastung die Pulsfrequenz erheblich mehr steigern als die Buben. Bei der Durchsicht eines Jahrgangs der *Einzelbefunde* von rund 200 Buben und 200 Mädchen lag der Puls absolut nach Belastung höher als im Stehversuch bei 107 Mädchen und 67 Buben.

Nach KLINKE ist während des Stehversuchs eine Frequenzsteigerung um 1/3 normal. Wir haben in Tabelle 11 in Prozentzahlen zusammengestellt, wie groß das Ausmaß der Frequenzsteigerung im Vergleich zum Ruhewert ist. Dies gilt für 1956 und 1957, also durchschnittlich für das 11. und 12. Lebensjahr und wiederum getrennt für Buben und Mädchen. Wir sehen auch hier mit fortschreitender Pubertät ein größeres Ausmaß der Frequenzsteigerung. Wir sehen aber auch, daß das Ausmaß einer Steigerung um 1/3 der Ruhefrequenz bei unseren Kindern nur in rund 50% der Fälle eintritt und sehr häufig nicht dieses Ausmaß erreicht, gelegentlich ist die Frequenzsteigerung natürlich auch höher. Für 1956 wurde die Frequenzsteigerung im Stehversuch auch für die verschiedenen Reifegruppen getrennt ermittelt und in Abbildung 5 a und b in ihrem prozentualen Anteil dargestellt. Wir sehen hier ebenfalls, daß etwa 30% der Buben und 40% der Mädchen ihre Frequenz nur geringfügig erhöhen, besonders niedrig liegen die retardierten Mädchen, deren Zahl aber klein ist.

Für die Frequenz nach einer Belastung durch Muskelarbeit gibt REINDELL als normal bei Erwachsenen Werte zwischen 120 und 150 Schlägen pro Minute an. Unsere 11jährigen Kinder erreichten nur in 62 von 410 Fällen Werte ober-

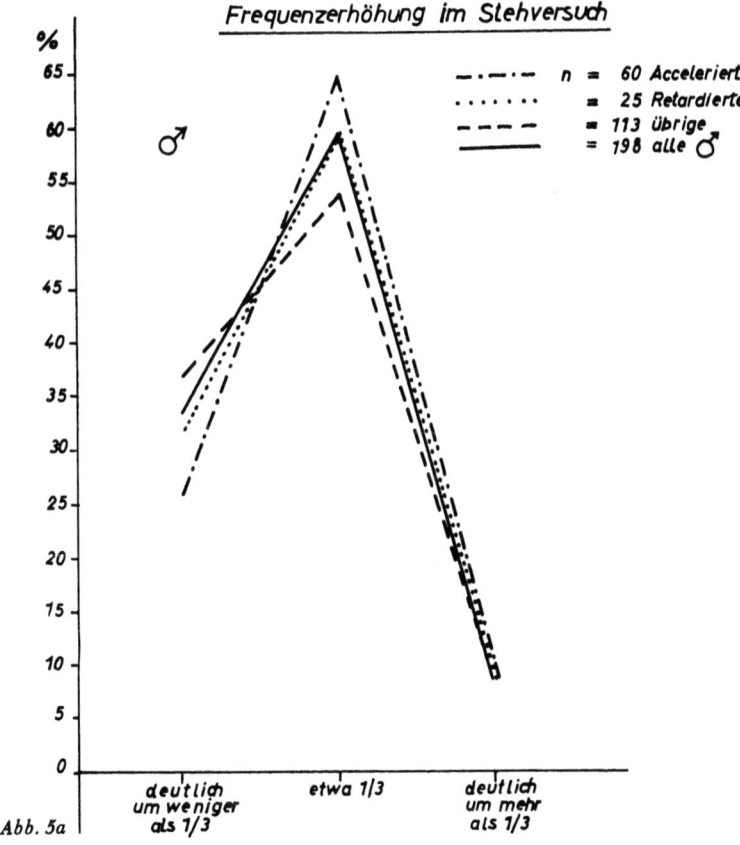

Abb. 5a

Tabelle 11. Steigerung des Pulses im Stehversuch

Jahr	Absolute Zahl n	Gleichbleiben oder Steigerung nur bis 15/Minuten	Steigerung ab 15/Min. bis zu 1/3 d. Ruhefrequenz	Steigerung um mehr als 1/3 bis 1/2 d. Ruhewertes	Steigerung um mehr als 50% des Ruhewerts
1956	190	37,5%	43,5%	15,3%	4,2 %
	201	42,5%	42,5%	14,0%	1,5 %
1957	195	22,5%	55,0%	17,5%	2,5 %
	197	27,5%	49,0%	20,5%	3,05%

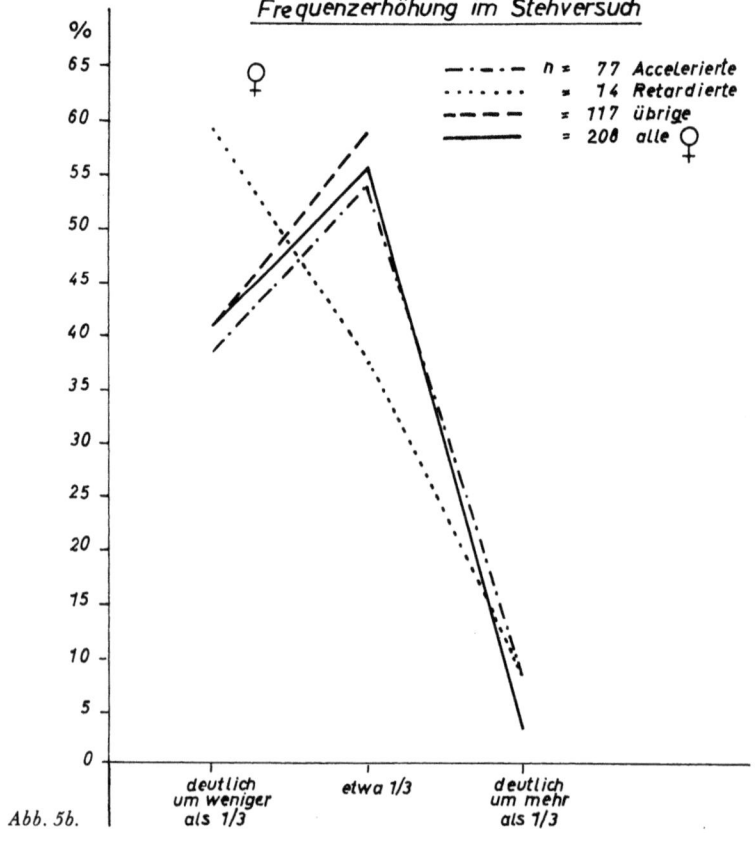

Abb. 5b.

Tabelle 12. Schellong — Mittelwerte

♂	1. Ruhewert (a)	Aufstehwert (b)	6 Min. Stehen (d)	10 Min. Stehen (f)	2. Ruhewert (g)	Belastungswert (h)	Endruhewert (k)
Puls							
12 Jahre (66)	77,6/Min.	93,9	93,9	93,8	74,2	92,7	78,9
13 Jahre (189)	81,1	94,4	96,6	96,9	77,6	94,0	80,4
14 Jahre (115)	82,2	96,7	96,9	96,7	76,0	95,8	81,1
Systol RR							
12 Jahre (66)	106,5 mmHg	107,7	105,5	106,7	105,2	126,1	106,8
13 Jahre (189)	112,4	116,1	111,5	111,0	111,7	135,6	109,5
14 Jahre (116)	117,2	121,5	116,9	116,1	115,0	140,8	117,6
Diastol RR							
12 Jahre (66)	64,8 mmHg	70,2	74,2	75,4	68,0	59,8	65,3
13 Jahre (189)	65,0	72,9	75,3	76,0	67,7	56,2	65,2
14 Jahre (116)	65,9	76,2	77,9	78,8	68,2	62,3	67,7

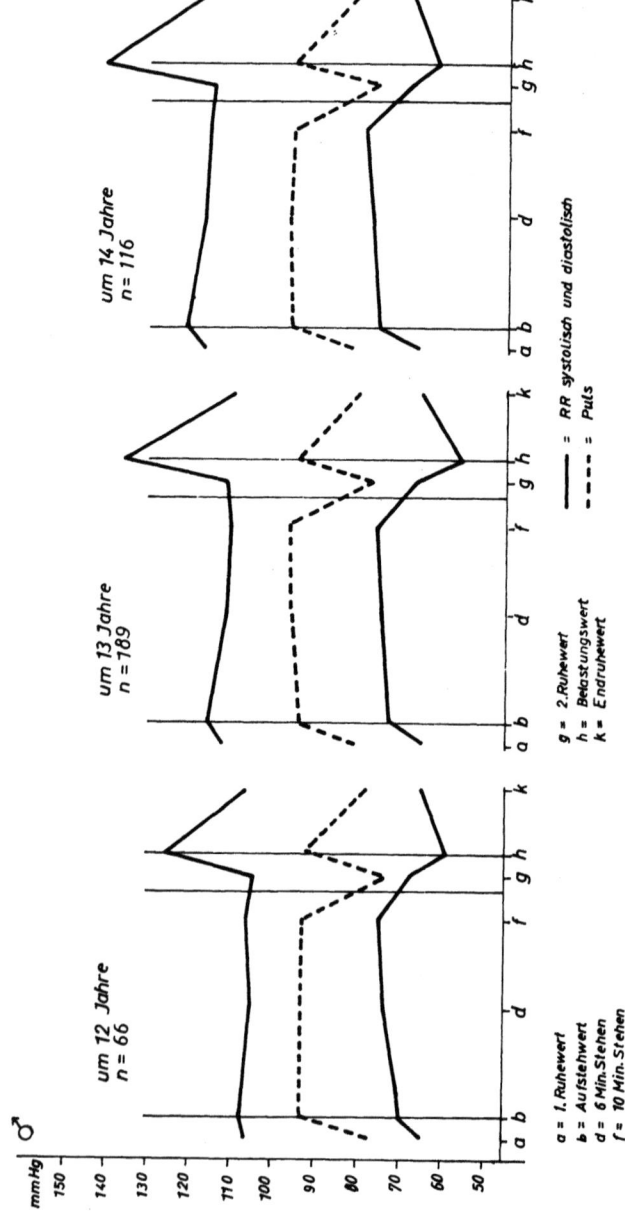

Abb. 6. Schellongkurven nach dem Mittelwert im Wachstumsalter

halb von 115 Schlägen pro Minute, 27 von diesen lagen noch länger als 1/2 Minute nach dem Ende der Belastung so hoch. Eine besonders starke Frequenzsteigerung führt allgemein eine geringfügige Verzögerung im Abfall der Pulskurve mit sich. Bei der Messung 4 Minuten nach dem Ende der Belastung hatten jedoch nur 5 Kinder den Ruhewert noch nicht erreicht.

Zu erwähnen ist noch, daß 11 dieser Probanden nach der Belastung mit Pulsverlangsamung reagierten.

Der Verlauf unserer Kreislauffunktionsprüfung über drei Jahre

Wenngleich für eine Schellongkurve der Mittelwerte eine erhebliche Nivellierung zu erwarten war, haben wir diese in verkürzter Form für die Buben im Lauf ihrer Entwicklung berechnet und in Abbildung 6 dargestellt. Die gleichen Werte sind in Tabelle 12 aufgeführt. (Diese Altersgruppen sind ein wenig verschieden von denjenigen, die in den bisherigen Tabellen besprochen sind, ferner wurde beim Puls die Frequenzgruppe etwas anders berechnet; daraus erklären sich leichte Abweichungen. Da es hier in Methode und Ergebnis jedoch um das Prinzip, noch nicht aber um die Aufstellung von „Normwerten" geht, wurden diese Schellong-Ergebnisse nicht nochmals umgerechnet.)

Abbildung 6 zeigt sehr deutlich, wie die „gesamte Kreislauflage" mit dem Fortgang der Entwicklung höhere Werte erreicht. Ins Auge fallend ist besonders die Erweiterung der Amplitude nach Belastung sowie der Anstieg des Pulses im Stehversuch bei den Dreizehnjährigen. Mit Vorsicht kann gesagt werden, daß sich hier die Labilität am Ende der 1. Pubertätsphase auch bei den Buben ausdrückt; von den Mädchen unseres Stuttgarter Kollektivs wissen wir, daß der 13. Geburtstag (Vollendung des 13. Lebensjahres) der Stichtag ist, an dem bei 50% von ihnen die Menarche eingetreten ist.

Zusammenfassung

Es wird über die Längsschnittuntersuchungen des Kreislaufs im Verlauf von 4 bzw. 8 Jahren bei der gleichen Kindergruppe berichtet. Diese Werte beziehen sich zunächst nur auf die Ruhelage, in den späteren Jahren auch auf Stehversuch und Belastung im Sinne des Schellong. Es wird dabei über das Verhalten des Kollektivs von rund 370 Kindern sowie auf die verschiedenen Reifegruppen eingegangen, ebenso auf den Unterschied zwischen Buben und Mädchen, wobei sich deutlich differierende Werte ergeben. Ferner wird an vier Einzelbeispielen gezeigt, wie stark persönlichkeitsgebunden das Kurvenbild der Kreislauffunktionsprüfung ausfallen kann.

Literatur

Budelmann, G.:	In der Praxis mögliche Untersuchungsmethoden des Kreislaufsystems. Med. Klinik, Nr. 17, 1957
Bühlmann, A., Schaub, F., Luchsinger, P.:	Die Hämodynamik des Lungenkreislaufs während Ruhe und körperlicher Arbeit beim Gesunden und bei den verschiedenen Formen der pulmonalen Hypertonie. Schweiz. Med. Wschr. 85/253, 1955
Capek, E., Schachner, Swoboda:	Zur Diagnostik und Behandlung orthostatistischer Kreislaufregulationsstörungen im Kindesalter. Wien. Klin. Wschr. 67, 35/36, 1955
Delius, L.:	Zur Frage der beginnenden Kreislaufstörungen. Arch. f. Kreislauff. 11, 1, 1942
Genz, H. u. Stolowsky:	Über orthostatische Kreislaufstörungen beim Kinde. Dtsch. med. Wschr. Bd. 81, 1956
Graser u. Nell:	Die postinfektiösen Kreislaufstörungen im Kindesalter. Mo. schr. f. Kdhkd. 100/7, 1952
Hahn:	Übernormale Blutdruckwerte im Kindesalter. Arch. Dis. Childr. 27, 43−53, 1952
Heddäus:	Über Hypotonie. Ärztl. Praxis, 8, 11−13, 1956
Hettinger, Th. u. Rodahl, K.:	Ein modifizierter Stufentest zur Messung der Belastungsfähigkeit des Kreislaufs. Dtsch med Wschr. Nr. 14, 1960
Hochrein, M. u. Schleicher, I.:	Herz und Überanstrengung. Med. Klinik. Jg. 53, Nr. 2/3, 1958
Joppisch, G. u. Quednau, H.:	Über das Verhalten des Blutdrucks bei körperlicher Arbeit im Kindes- und Jugendalter. Mo. schr. f. Kdhkd. 94/95, 1944
Josenhans, W.:	Über die Bedeutung der Blutdruckmessung beim Jugendlichen. Sportmedizin, Jg. 6, Nr. 2, 1955
Kirchhoff, H. W.:	Über die Bedeutung der heutigen beim Kind anwendbaren Untersuchungsmethoden für die Erkennung und Behandlung von Kreislaufregulationsstörungen. Arch. f. Kdhkd. 146/147, S. 50, 1953
Kirchhoff, H. W.:	Ein kombiniertes Untersuchungsverfahren zur Beurteilung der Leistungsfähigkeit des Kindes. Ann. Univers. Saraviensis, Medizin, V − 2 − 1957
Kirchhoff, H. W.:	Über den kindlichen Kreislauf. Ergebn. d. inn. Med. u. Kdhkd., Bd. 5, S. 156, Springer 1954
Kirchhoff, H. W.:	Besonderheiten der Regulation von Kreislauf und Atmung im Reifungsalter. Mo. schr. f. Kdhkd., Bd. 107, H. 2, 1959
Kirchhoff, H. W.:	Über Kreislaufschäden. Arch. f. Kdhkd. 146, 50−60, 1953
Kirchhoff, H. W. u. Eichler:	Über die Mittellage in der Pubertät. Med. Mo. schr. 9, S. 290, 1955

Kirchhoff, H. W. u. Eichler:	Kreislaufgrößen und Kreislaufregulation im Kindesalter. Z. Kdhkd. 70/578, 1952
Kirchhoff, H. W., Reindell, H., u. Giese, G.:	Untersuchungen zur Beurteilung der Leistungsfähigkeit im Kindesalter. Zschr. Kdhkd. 78/634/1956
Kirschsieper, H. M.:	Über indirekte Blutdruckmessung am Menschen; der Einfluß des Umfanges der Meßstelle. Zschr. Kdhkd., Bd. 71, S. 422, 1952
Klinke, K.:	Funktionelle Störungen im Kindesalter unter besonderer Berücksichtigung des Schulalters. Hippokrates, Jg. 27, H. 24, 1956
Knebel, R.:	Two-Step-Test und James Box-Test. Die Medizinische, H. 13, S. 531, 1958
Knipping, H. W., Bolt, W., Valentin, H., Venrath, H.:	Untersuchung und Beurteilung des Herzkranken. Enke, Stuttgart, 1955
Köttgen, U. u. Bolt, W.:	Kreislauf in J. BROCK, Biologische Daten für den Kinderarzt, Bd. 1, S. 352, Springer, Berlin, 1954
Köttgen, U.:	Übersichtsreferat über die in den letzten drei Jahren erfolgten Beiträge auf dem Gebiet des Kreislaufs. Mo. schr. f. Kdhkd. 103, 243–251, 1955
Köttgen, U.:	Zur Untersuchung und Behandlung kindlicher Kreislaufschäden in der Praxis. Therapie der Gegenwart, 98, 1959, H. 2
Krause, M.:	Hypotonie. Ärztl. Mitt., Nr. 42/14.11.1959
Mansfeld, G.:	Über den Blutdruck gesunder Kinder im Grundschulalter. Z. schr. f. Kreislaufforschg., Bd. 47, 1958
Mansfeld, G.:	Kreislauffunktionsprüfungen im Schulalter. Verhandl. d. dtsch. Ges. f. Kreislaufforschung, 24. Tagg., S. 266
Matthes, K.:	Kreislaufuntersuchungen am Menschen mit fortlaufend registrierenden Methoden. Thieme, Stuttgart, 1951
Markiewicz, K.:	Blutdruckerhöhung bei Jugendlichen. „Körperkultur", Warschau, Bd. VI, H. 10, 1952, Übersetzung K. Foerster, Leipzig, Redaktion H. Eckstein, Berlin
Menzel, R.:	Das Herz in der Pubertät. Med. Klinik, 52, Nr. 31, 1957
Nöcker, J.:	Sportärztliche Untersuchungsmethodik. In A. Arnold: Lehrbuch der Sportmedizin, J. A. Barth, Leipzig, 1956
Quaas, M.:	Zur Problematik der Leistungsfähigkeit von Jugendlichen und jungen Erwachsenen. Dtsch. Geswesen. Jg. XII, H. 36, 1957
Reindell, H.:	Beitrag zur Funktionsdiagnostik des gesunden und kranken Herzens. Mü. Med. Wschr., 100 765, 1958
Reindell, H.:	Diagnostik der Kreislauffrühschäden. Enke, Stuttgart, 1949
Reindell, H., Schildge, E., Klepzig, H., Kirchhoff, H. W.:	Die Kreislaufregulation. Thieme, Stuttgart, 1955
Reindell, H. W. u. Assmann, G.:	Erfahrungen über die Regulationsprüfung des Kreislaufs nach Schellong. Z. Klin. Med. 144, 251, 1944

Salmi:	Wachstum und Entwicklung des normalen Kindes. In Fanconi, Lehrbuch der Pädiatrie, Schwabe, Basel, 1950
Schäfer, H.:	Einige Probleme der Kreislaufregelung in Hinsicht auf ihre klinische Bedeutung. Mü. Med. Wschr. Jg. 99, Nr. 3 u. 4, 1957
Schellong — Lüderitz:	Regulationsprüfung des Kreislaufs. Dr. Steinkopff, Darmstadt, 1954
Schmidt — Voigt, I.:	Kreislaufstörungen in der ärztlichen Praxis. Ed. Cantor, Aulendorf, 1951
Schmidt — Voigt, I.:	Herz- und Kreislauffragen im Kindesalter. Dtsch. Ges. f. Sozialhygiene, Kongreßbericht 1955, I. A. Barth, München
Schumacher, P.:	Förderung oder Beschränkung der körperlichen Aktivität im Wachstumsalter? Mü. Med. Wschr., Jg. 102, H. 34, 1960
Schulte, I.:	James Box — Test. Zentralblatt f. Arbmedizin u. Arb. schr., S. 131, 1951
Schwenk, A., Eggers—Hohmann, G., Gensch, F.:	Arterieller Blutdruck, Vasomotorismus und Menarchetermin bei Mädchen im zweiten Lebensjahrzehnt. Arch. f. Kdhkd. 150, 3, 1955
Seham, M., Egerer, Seham, G.:	Physiologie der Arbeit bei Kindern. Am. J. Dis. Childr., 26/254, 1923
Spangenberg, W.:	Über den Herz — Atmungs-Koeffizienten n. Skibinski. Das Dtsch. Ges. Wesen XII/18, 1957
Sundal, A.:	Der normale Blutdruck im Alter von drei bis zwanzig Jahren. Z. Kdhkd. 47/742, 1929
Thiele, H.:	Über das Verhalten des Kreislaufs von gesunden Kindern im Liegen, Stehen und nach Belastung. (Dissertation, Kinderklinik Mainz, Direktor Prof. Dr. U. Köttgen). 1952
Vogt, H.:	Der Unterdruck. Die ärztliche Fortbildung, Nr. 9, 1958
Wetzler, K. u. Böger, A.:	Wachstum und Alter im Kreislauf. Klin. Wschr. XV, 257—260, 1936

Statistisch vergleichende Studie an jährlich wiederholten Kreislauffunktionsproben bei gesunden Kindern von 10 — 15 Jahren

von

Konrad Lang

Der vorliegenden Studie liegen die Ergebnisse von etwa 1 400 einzelnen Kreislaufregulationsproben nach der etwas modifizierten Methode von Schellong bei über 300 Knaben und Mädchen zugrunde, die bei den gleichen Kindern im Alter von 10 — 15 Jahren soweit möglich regelmäßig in jährlichem Abstand wiederholt worden waren. Durchgeführt wurden die Proben im Zusammenhang mit der somatischen und psychologischen Längsschnittuntersuchung der „Wissenschaftlichen Arbeitsgemeinschaft für Jugendkunde" von den ärztlichen Mitarbeitern dieser Forschungsstelle. Die Probanden waren Kinder, die als praktisch auswahlfreier Anteil der Population des Bonner Siedlungsraumes gelten können; lediglich einzelne kranke Kinder wurden vor der Auswertung ausgeschaltet, um ein Bild der normalen Verhältnisse zu erhalten. Zweck dieser Studie soll es sein, statistisch typische Reaktionsweisen einiger Gruppen im Belastungs- und Stehversuch herauszuarbeiten und mit denen anderer zu vergleichen. Es handelt sich dabei um eine Teilstudie, der nicht das gesamte umfangreiche Material der Arbeitsgemeinschaft zugrundegelegt werden konnte, und die auf Grund ihrer Ergebnisse den Weg für eine mechanisierte Auswertung des Gesamtmaterials frei machen sollte. Da auf eine elektrokardiographische Untersuchung wegen des großen zusätzlichen Aufwandes verzichtet werden mußte, beschränken sich die vorhandenen Meßdaten auf Blutdruck- und Pulswerte.

Es war klar, daß für den Ablauf eines Regulationsversuchs mit so vielgestaltigen Kompensationsvorgängen und Störungsmomenten auch zur Deutung von Gruppenreaktionen der einfache Vergleich der ermittelten Grunddaten nicht ausreichend war. Es mußte außerdem ein für die Auswertung geeigneter Index gesucht werden.

Ausgehend von der Formel, die WEZLER-BÖGER für das Herzschlagvolumen (HSV) geben:

$$HSV = \frac{2 \Delta P}{E'} = \frac{2 \times Blutdruckamplitude}{Elastizitätskoeffizient\ des\ Gesamtwindkessels}$$

kann man das Herzminutenvolumen nach

$$\frac{2\Delta P}{E'} \cdot f$$

errechnen. Die Größe E darf man beim gleichen Kind für gegeben halten und ihre Änderung erfolgt konform mit dem Wachstum. Für gewisse Vergleichszwecke wie die unseren dürfte die Vernachlässigung dieser Größe nicht entscheidend stören. Es erschien uns mithin zulässig für statistische Gruppenvergleiche versuchsweise E als gegebene Konstante aufzufassen und in einfacher Weise die Modifikation des Amplituden-Frequenz-Produktes zu betrachten, da sie mit den Änderungen des Minutenvolumens korreliert sein muß. Keinesfalls darf in den ermittelten Werten irgendeine Größenbeziehung zum Minutenvolumen selbst gesehen werden und ebensowenig scheint es erlaubt, aus den hier abgeleiteten Gruppenzusammenhängen ohne weiteres Rückschlüsse auf das Verhalten dieser Werte bei Einzelindividuen zu ziehen. Unter diesen strengen Voraussetzungen scheint es allein erlaubt, die folgenden Betrachtungen anzustellen. Der Vergleich des Amplitudenfrequenzproduktes in der Ausgangsruhelage mit seiner Veränderung im Verlauf des Stehversuches und der Treppenbelastung soll als Symbol für die funktionelle Reagibilität des Kreislaufes dienen.

Nach Arbeitsbelastung wird das Amplituden-Frequenzprodukt normalerweise nie kleiner als in der Ruhe sein, wohl aber im Stehversuch. Wenn man den Ruhewert des Produktes als Ausgangsgröße zu 100% ansetzt, könnten Werte unter 100% im Stehversuch und solche über 100% im Belastungsversuch brauchbare Ausgangsgrößen für die vorgesehenen Gruppenvergleiche abgeben.

Methodisches

Der Blutdruck wurde mit einem Zeigermanometer und mit einer konstanten Manschettenbreite von 13 1/2 cm einschließlich Stoffumhüllung einheitlich cubital in der üblichen Form durch Auskultation gemessen. Die Werte wurden auf Stufen von 5 zu 5 mm Hg-Säule abgerundet. Der Puls wurde mit einer Sanduhr-Pulsuhr über jeweils 1/4 Minute ausgezählt. Nach einer anfänglichen Ruhephase im Liegen von 5 min. wurde der Wert am Ende dieser Phase für die spätere Auswertung herangezogen. Nach dem anschließenden Stehversuch von 10 Minuten folgte wieder eine Ruhephase im Liegen und nach erfolgter Erholung wurde der Belastungsversuch in der Art des Two-Step-Tests von Master vorgenommen. Die Stufenhöhe betrug hierbei einheitlich 19,0 cm. Die Anzahl und das Tempo der Steigschritte wurde nach den Altersstufen festgelegt;

24 Doppelschritte im 10. und 11. Lebensjahr und 36 Doppelschritte vom 12. Lebensjahr an wurden in einem Tempo von 112 Schritten pro Minute mit dem Metronom kontrolliert.*)

Von den einzelnen zur Auswertung verfügbaren Ruhedaten — zu verschiedenen Zeitpunkten der ersten und zweiten Ruhephase — entschieden wir uns nach einigen Proberechnungen für den letzten Wert aus der ersten Ruhephase. Der Ruhewert am Ende der 2. Ruhephase als Ausgangswert erbrachte nicht selten Werte unter 100% nach der Belastung, ein Umstand, der die Echtheit dieses „Ruhewertes" in Frage stellte. Tatsächlich bestand wohl zu diesem Zeitpunkt noch häufig ein mangelhafter Ausgleich der Verhältnisse mit Veränderungen von Frequenz und Amplitude als Nachwirkung der Stehbelastung. Die Folge war naturgemäß auch eine sehr breite Streuung der errechneten Werte für die Änderung des Amplituden-Frequenzproduktes. Bei Anwendung des 1. Ruhewertes, des Wertes vom Ende der 1. Ruhephase sahen wir diese Störungen nicht. Eine längere Ruhezeit als 5 Minuten vor Beginn des ganzes Versuches war technisch nicht gut durchführbar, da das Programm der übrigen Untersuchungen zu umfangreich war.

Für den Belastungswert wurden die Ergebnisse der ersten Messung nach Beendigung dieser Arbeitsbelastung, der sogenannte „Sofortwert" herangezogen. Naturgemäß spielen hierbei die verschiedenen Faktoren von der individuellen Wendigkeit des Probanden bis zur Schnelligkeit des Untersuchers eine Rolle, die allein in einem größeren Material statistisch ausgeglichen werden; im Durchschnitt wurde der Meßwert innerhalb von 30 Sekunden nach der Belastung ermittelt.

Für eine vergleichende Untersuchung an Indexwerten wäre es an sich gleichgültig gewesen, ob man als Frequenzwert an Stelle des nur durch Multiplikation mit 4 errechneten Minutenwertes den tatsächlich gezählten 15-Sekunden-Wert eingesetzt hätte. Vor allem aus Gründen der Üblichkeit entschieden wir uns aber für den Minutenwert. Die geringfügige Vergrößerung des Fehlers konnte im Hinblick auf den rein statistischen Charakter unserer Analyse in Kauf genommen werden.

Wie eingangs erwähnt, soll in Darlegung unserer Ergebnisse im folgenden Teil vom Amplituden-Frequenz-Produkt ausgegangen werden. Hierbei sind zwei Ausdrucksformen verwendet worden: Das Amplituden-Frequenz-Produkt in Ruhe

also $\Delta P_0 \cdot f_0$ als Ausgangsgröße = 100%

kann einfach zu dem Amplituden-Frequenz-Produkt des Sofortwertes nach Belastung durch Bildung des Quotienten in Beziehung gesetzt werden:

---

*) Einzelheiten siehe die Arbeitsanweisung in der vorstehenden Arbeit von G. Mansfeld.

$$\frac{\Delta P_{bel} \cdot f \quad (= \text{Belastungsprodukt})}{\Delta P_o \cdot f_o \quad (= \text{Ruheprodukt})} \cdot 100\%$$

womit eine Größe von über 100% als *Belastungsgröße* von Indexcharakter vorhanden wäre.

Man kann aber auch den Zuwachs des Amplitudenfrequenzproduktes nach Belastung für sich betrachten, der dann nach der Formel

$$\left(\frac{\Delta P_{bel} \cdot f_{bel}}{\Delta P_o \cdot f_o} - 1\right) \cdot 100\% = \text{Zuwachswert nach Belastung}$$

zu errechnen ist. Beide Werte könnten für die Auswertung Interesse haben und werden daher im folgenden Verwendung finden.

Für die Auswertung der Stehbelastung haben wir uns vorerst auf die Quotientenbildung

$$\frac{\Delta P_{st} \cdot f_{st}}{\Delta P_o \cdot f_o} \cdot 100\% \text{ beschränkt, wodurch ausgedrückt wird, wie}$$

groß das Amplitudenfrequenzprodukt nach 8 Minuten Stehbelastung im Verhältnis zur Ruhelage ist.

Bei der Analyse der Kreislaufversuche lagen zum Zeitpunkt der vorliegenden Studie für die Mädchen bereits vollständigere Meßwerte vor als für die entsprechende Auswertung bei den Knaben. Dies ist dadurch zu erklären, daß die sexuelle Reifung und damit auch der Pubertätswachstumsschub sowie die begleitenden funktionellen Umstellungen bei den Mädchen, die auf Grund der Längsschnittstudie zu dem gleichen Jahrgang gehörten wie die Knaben, deutlich früher erfolgten. Die sexuelle Reifung wurde schematisch nach den folgenden Merkmalen beurteilt:

bei den Knaben wurde der Entwicklungsstand von Penis, Scrotum, Bart-, Achsel- und Schambehaarung sowie die Stimmlage herangezogen, bei den Mädchen die Entwicklung der Achsel- und Schambehaarung sowie die Größe der Mamma und die Regularität der Menstruation.

Hiernach wurden 4 Reifemerkmalsklassen gebildet, die unter den Zeichen R_o bis R_3 im weiteren Verwendung finden, wobei R_3 eine abgeschlossene Reifeentwicklung bezeichnen soll. R_o hingegen ist die Bezeichnung für jene Altersstufe, die dem Zeitpunkt der Beurteilung R_1 auf Grund des Auftretens der ersten Zeichen beginnender Entwicklung meist sekundärer Merkmale um 12 Monate vorangeht. R_{oo} oder R_{ooo} wurden zusätzlich für die wiederum noch ein oder zwei Jahre davor liegenden Altersstufen eingesetzt.

Die 6 Altersstufen von 10 bis zu 15 Jahren wurden durch eine Klassenbildung bei der Auswertung abgegrenzt, die jeweils 1/2 Jahr vor und nach der Altersstufe endete:

9 6/12 bis 10 6/12 = Klasse der 10jährigen,
10 6/12 bis 11 6/12 = Klasse der 11jährigen usw.

Naturgemäß kam es so zu einer Doppelzählung der 6/12 Werte der Grundlisten. Der Zuwachs an Grundwerten hierdurch betrug bis zu 21,2%. Der Vorteil war aber, wie aus Tabelle 13 ersichtlich, eine zufriedenstellende Übereinstimmung der mittleren Altersstufen der Probanden mit den geforderten Lebensaltern.

Tabelle 13

Lebensalter	mittleres Alter der Probanden
10 Jahre	10,2 Jahre
11 „	11,0 „
12 „	12,0 „
13 „	13,0 „
14 „	13,9 „
15 „	14,8 „

Die Verteilung der Reifestufen R_0 bis R_3 auf die Altersklassen ist nur bei den Mädchen zum Zeitpunkt der ersten Auswertung einigermaßen zu beurteilen. Sie geht aus der Tabelle 14 hervor:

Tabelle 14

	10	11	12	13	14	15	Jahre nach Altersklassen
R_0	31	53	27	12	3	—	126	Summe der Probanden
R_1	16	85	99	54	30	6	290	
R_2	2	6	29	49	54	23	163	
R_3	—	—	1	14	49	37	101	
	49	144	156	129	136	66	680	

Wie man sieht, werden also auch die 15-jährigen Mädchen 1960 in Bonn nur bis zur Hälfte als sexuell reif beurteilt. Dieser Umstand fordert von uns einge gewisse Zurückhaltung bei der Bewertung einiger der vorliegenden Daten. Es ist etwa mit der Möglichkeit zu rechnen, daß eine gewisse Auswahl der Frühreifen einige unserer Ergebnisse beeinflußt, wenn auch nach dem Gesamtbild bei Mädchen und Knaben naheliegt, daß unsere Ergebnisse die tatsächlichen Verhältnisse weitgehend widerspiegeln.

Ergebnisse

1. Teil. Stehversuch:

Es sollen zunächst die Ergebnisse der Stehbelastung, des ersten Teiles des Versuches nach der Ermittlung der Ruhewerte, wiedergegeben werden. Die Messungen und Zählungen bei der Stehbelastung haben zudem den Vorteil, daß die individuelle Fehlerquelle geringer sein dürfte als bei dem Two-Step-Test, da schon geringe Abweichungen für den Zeitpunkt der ersten Messung und Zählung nach dem Two-Step-Versuch für das Ergebnis mitbestimmend sind. Für die hier vorliegenden Zahlen kommt als günstiger Umstand die Homogenität des Materials, das nur aus einer Untersuchungsstelle stammt, allerdings auch diesen letzteren Werten zugute.

Die Tabellen 15 und 16 geben die wesentlichen Zahlen für die Stehteste bei Reifungsstufen beider Geschlechter wieder. Da die Reifestufe R_1 bei den Knaben erst mit 13,1, bei den Mädchen hingegen schon mit 12,0 Jahren erreicht wurde, das Material aber bis zum Alter von 10 Jahren (9 1/2 – 10 1/2) zurückreicht,

Tabelle 15. Stehbelastung der Mädchen

Der Index $\dfrac{f_{st} \cdot \Delta P_{st}}{f_o \cdot P_o}$ nach 8 Minuten Stehbelastung im Ablauf der Reifestufen dieser Kinder.

Mädchen

Reifestufe R	zugehöriges Alter in Jahren	N	arithmetisches Mittel in % des Ruhewertes	prozentualer Anteil der Probanden mit Werten < 100%
R_{oo}	10,2	50	98,7%	60,0%
R_o	11,2	116	91,3%	66,4%
R_1	12,0	251	89,7%	72,1%
R_2	13,4	175	95,4%	61,1%
R_3	14,3	101	102,2%	48,5%

wurde bei den Knaben noch eine dritte Vorreifestufe R_{ooo} eingeführt. Das arithmetische Mittel des Amplitudenfrequenzproduktes nach 8 Minuten Stehversuch im Verhältnis zum Ruhe-Amplitudenfrequenzprodukt zeigt nach einem Wert um etwa 100% in der infantilen Frühphase (R_{ooo}) unserer Teste eine ausgesprochen präpuberale Senkung dieses Quotienten-Index, die bei den Mädchen in der Stufe R_1, bei den Knaben bereits bei R_o ihren Tiefpunkt hat. Wie weit diese kleine Phasenverschiebung echt ist, ist nicht exakt zu entscheiden, da die Reifebeurteilung zu diesem Zeitpunkt der puberalen Entwicklung naturgemäß unsicher für Vergleiche zwischen den Geschlechtern sein kann. Hiergegen läßt sich auch nicht anführen, daß bei den Mädchen bereits bei R_3 ein Wert über 100% erreicht wird, bei den Knaben aber ebenfalls erst in dieser Entwicklungsstufe. Es sei hier nur darauf hingewiesen, daß ein nicht unerheblicher Anteil unserer weiblichen Probanden erst etwa 1 Jahr nach dem Zeitpunkt der Beurteilung R_3 einen Anstieg des 8-Minuten-Index auf über 100% zeigten. Es wäre demnach denkbar, daß sich der postpuberale Wert der Mädchen in dem Jahr, das R_3 folgt, auch im Mittel noch etwas erhöht.

Gewisse Vorbehalte müssen auch in der Bewertung der Ergebnisse für die Reifestufe R_3 der Knaben gemacht werden, da die Zahl der entsprechend gereiften Probanden im Untersuchungsjahr 1960/61 noch zu gering war.

Im Ablauf des 8-Minuten-Index fällt bei den Mädchen eine stärkere Abnahme des Mittelwertes im Vergleich zu den Knaben auf. Wie aus der Darstellung der

Tabelle 16. Stehbelastung der Knaben

Der Index $\dfrac{f_{st} \cdot \Delta P_{st}}{f_o \cdot \Delta P_o}$ nach 8 Minuten Stehbelastung im Ablauf der Reifestufen dieser Kinder.

Knaben

Reifestufe R	zugehöriges Alter in Jahren	N	arithmetisches Mittel in % des Ruhewertes	prozentualer Anteil der Probanden mit Werten < 100%
R_{ooo}	10,0	74	100,5%	60,8%
R_{oo}	11,0	166	94,6%	60,2%
R_o	11,8	145	92,2%	66,2%
R_1	13,1	186	98,7%	59,1%
R_2	14,2	107	98,2%	55,1%
R_3	(15,2)	18	100,8%	entfällt.

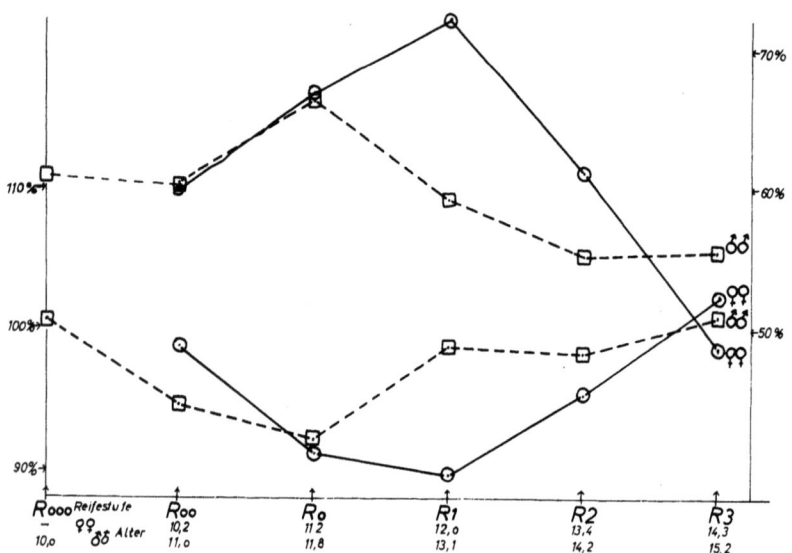

Abb. 7. Prozentualer Anteil der Probanden mit Werten < 100% des Ruhewerts. Obere Kurve arithmetisches Mittel in % des Ruhewertes, untere Kurve nach 8 Min. Stehbelastung.

Abb. 7 deutlich wird, ist diese Erscheinung auf den weit größeren Anteil der so reagierenden Individuen zurückzuführen. Insgesamt besteht eine Abhängigkeit des Mittelwertes für den 8-Minuten-Index in diesem Sinne bei Knaben und Mädchen in allen Reifestufen, man kann also aus dem Bild der Abb. 7 erkennen, daß Anstieg und Absinken des Mittelwertes stets mit der Anzahl der entsprechend reagierenden Individuen korreliert bleibt. Im Alter von 12 Jahren reagieren fast 3/4 aller Mädchen mit einem „negativen" Amplitudenfrequenzprodukt auf den Stehversuch, d. h. dieses Produkt wird kleiner als in Ruhelage, während sich bei den Knaben zu keinem Zeitpunkt mehr als 66% hieran beteiligen.

Die Zahl der — zufällig — genau mit 100% der Ruhelage berechneten 8-Minuten-Werte beträgt bei beiden Geschlechtern und in allen Reifestufen um 2%.

Während mit einer Angabe der Sigmawerte, die berechnet wurden und wenig um ± 20% schwanken, nicht viel gewonnen ist, möchten wir die Extremwerte unseres Materials wiedergeben (s. Tabelle 17 für die Mädchen, Tabelle 18 für die Knaben). Ohne verwertbare Abweichungen der Reifestufen untereinander ist lediglich die Streuung der Werte bei den Knaben etwas größer als bei den Mädchen. Die Angabe der Extremwerte dürfte eine grobe Orientierung für die zu erwartenden Grenzen der Normalwerte nach Abschluß einer späteren Auswertung des Gesamtmaterials abgeben.

Tabelle 17. (Mädchen)

Reifestufe	mittlerer 8-Minuten-Index im Stehversuch	Extremwerte minimal	maximal
R_{oo} +	98,7%	49,7%	140,7%
R_o	91,3%	46,8%	164,7%
R_1	89,7%	41,1%	164,4%
R_2	95,4%	52,5%	153,8%
R_3	102,2%	62,5%	167,7%

Tabelle 18. (Knaben)

Reifestufe	mittlerer 8-Minuten-Index im Stehversuch	Extremwerte minimal	maximal
R_{ooo}	100,5%	40,5%	180,4%
R_{oo}	94,6%	52,9%	156,2%
R_o	92,2%	36,7%	180,4%
R_1	98,7%	47,8%	214,0%
R_2	98,2%	36,0%	177,8%
R_3 +	100,8%	72,1%	154,6%

Bei den mit + markierten Zahlen ist der Fehler der kleinen Zahl der Probanden zu berücksichtigen.

Eine weitere Auswertung der 8-Minuten-Indices nach Reifestufen und zugleich nach den Konstitutionstypen wäre naheliegend gewesen, da im Bonner Material hierzu entsprechende Beurteilungen vorlagen. Wir hielten uns aber aus zwei Gründen vorerst zurück: einmal erschien uns das Bonner Material hierfür zu klein, da ja für jede Reifestufe mit einer Aufteilung in 4 Gruppen die Beweiskraft der erhaltenen Zahlen schnell abnehmen mußte, zum anderen erreichen aber die verschiedenen Konstitutionstypen sicher zu differenten Zeitpunkten ihre Reife. Da schon bei den Mädchen die Reifestufe R_3 nur für 50% der Probanden im Untersuchungsjahr 1960/61 erreicht war, mußte es zwangsläufig zu einer Fehlbeurteilung kommen, wenn nach Konstitutionstypen aufgeschlüsselt wurde. Versuchsweise sah eine entsprechende Auswertung bei den 101 Mädchen der Reifestufe R_3 wie folgt aus (Tabelle 19):

Tabelle 19. (Mädchen)

Konstitutionstyp	Stehbelastung Mittelwert des 8-Minuten-Index bei Reifestufe R_3	Anzahl
Pykniker	100,7%	34
Athletiker	106,0%	28
Leptosome	97,9%	17
Mischtypen	102,9%	22

Mit Vorbehalt kann man aus den Ergebnissen unserer indexmäßigen Auswertung der Stehversuche entnehmen, daß es bei unseren Mädchen in den Altersstufen von 9 2/4 bis zu 14 3/4 Jahren und bei den Knaben unserer Längsschnittstudie zwischen dem Alter von 10 0/4 bis zu etwa 15 1/4 Jahren eine präpuberale und in der Folge verschwindende Modifikation der Kreislaufregulation im Orthostaseversuch gibt, die ihren Ausdruck in einer Verminderung des Amplituden-Frequenz-Produktes gegenüber der Ruhelage findet. Während es sich hier um die Ermittlung des Verhaltens normaler Kinder handelt, dürften Extremfälle dieser Art in das Gebiet der regulativen präpuberalen Kreislaufstörung dieser Reifestufen gehören.

2. Teil, Arbeitsversuch:

Das Amplitudenfrequenzprodukt der Stehbelastung ergab bei beiden Geschlechtern in der präpuberalen Phase einen Ablauf, der nach anfänglicher Senkung einen Tiefpunkt erreichte und dann wieder um die Zeit der Reifung zu dem Ausgangsniveau zurückkehrte. Die Analyse der Verhältnisse in der Belastungsregulationsprüfung zeigte auch hier eine gewisse Konstanz der Werte in der infantilen Vorstufe, die bei beiden Geschlechtern etwa im Alter von 10 – 11 Jahren gegeben war, für die Belastungsgröße an sich. Danach war eine regelmäßige Zunahme des Produktes bei Mädchen wie Knaben zu bemerken, die über die gesamte Phase der puberalen Entwicklung anhielt.

Auf der Suche nach einer Erklärung für diesen Vorgang führten wir eine Vielzahl von Testrechnungen durch, in denen wir vor allem nach Beziehungen zu somatischen Daten der Probanden fahndeten. Es zeigte sich, daß vor allem der Zuwachs des Amplitudenfrequenzproduktes nach Belastung zumindest über eine längere Phase mit dem Gewicht der Kinder streng korreliert bleibt. Von den Reifestufen R_0 bis R_3 bei den Mädchen und von R_{00} bis R_1 bei den Knaben war dieser Quotient praktisch konstant (siehe Tabelle 20).

Tabelle 20

Der Index für den Zuwachswert nach Belastung $\left(\dfrac{P_{bel} \cdot f_{bel}}{P_o \cdot f_o} - 1 \right) \cdot 100\%$

bei Mädchen und Knaben
nach den Reifestufen der Kinder

Mädchen

Reifestufe R	N	mittl. Index	Index $\cdot \dfrac{1}{G}$
R_{oo}	82	159,6	5,0
R_o	109	158,5	4,7
R_1	236	181,1	4,5
R_2	142	217,6	4,5
R_3	74	242,5	4,6

Knaben

Reifestufe R	N	mittl. Index	Index $\cdot \dfrac{1}{G}$
R_{ooo}	75	134,2	4,1
R_{oo}	166	131,4	3,7
R_o	117	145,7	3,8
R_1	185	161,8	3,7
R_2	101	162,5	3,0
R_3	18	175,4	2,8

Tabelle 21

Der Index für die Belastungsgröße $V_{bel} = \dfrac{\Delta P_{bel}}{\Delta P_o} \cdot \dfrac{f_{bel}}{f_o} \cdot 100\%$
nach Reifestufen ausgewertet.

Mädchen

Reifestufe R	Mittleres Alter Jahre	N	Mittleres Gewicht G kg	Mittl. V_{bel}	$\dfrac{1}{G} \cdot V$
R_{oo}	10,2	82	32,3	259,6	8,0
R_o	11,2	109	34,6	258,5	7,5
R_1	12,0	236	40,2	281,1	7,0
R_2	13,4	142	47,4	317,6	6,7
R	14,3	74	51,9	342,5	6,6

Knaben

R_{ooo}	10,0	75	32,8	234,2	7,1
R_{oo}	11,0	166	35,4	231,4	6,5
R_o	11,8	117	38,2	245,7	6,4
R_1	13,1	185	44,1	261,8	5,9
R_2	14,2	101	54,3	262,5	4,8
R_3	15,2	18	61,9	275,4	4,4

Wesentlicher schien uns für die Beurteilung aber doch die Relation

$$\dfrac{1}{G} \cdot V_{bel},$$

die sinngemäß eine Indexgröße darstellt, die als Ausdruck für die Reagibilität des Kreislaufs auf eine begrenzte Einheitsbelastung aufzufassen wäre, in der die Körpermasse des Individuums Berücksichtigung findet. Aus dieser Sicht ist eine Gegenüberstellung der Geschlechter in den verschiedenen Reifestufen von einigem Interesse. Tabelle 21 gibt die Verhältnisse auf Grund unserer Auswer tungen wieder. Bei Mädchen wie Knaben ist ein konstantes Absinken dieses Index im Verlauf der Reifung erkennbar. Aber auch schon in der infantilen Frühphase zeigt der Relationsindex eine sinkende Tendenz. Zu Beginn unserer Untersuchungen liegt der Wert für diese Größe bei den Mädchen um 112% dessen der Knaben. Diese Differenz zwischen den Geschlechtern steigt im weiteren Verlauf rasch an und beträgt am Ende der Entwicklung 150% bei den Mädchen gegenüber den Knaben. Man muß darin eine zunehmend größere Fähigkeit der Knaben sehen, eine körperliche Belastung des Kreislaufs regulativ abzufangen, also eine geschlechtsgebundene größere Reagibilität, die sich in einer relativ kurzen Zeitspanne deutlich ausprägt. Das Gewicht ist bei den Knaben zu Beginn absolut etwa gleich dem Mittelwert der Mädchen (Tabelle 21), am Ende jedoch bei den Knaben um 10,0 kg oder 20% größer als bei den Mädchen. Dies ist umso bemerkenswerter, als im Einzelfall unseres Materials eher ein ungünstiger, höherer Indexwert bei größerem Gewicht des Individuums festzustellen war.

Die ausgesprochen adipösen Kinder zeigten also keineswegs einen relativ niedrigen Indexwert. Adipositas ist „totes" Gewicht, während die Wachstumszunahme weitgehend Muskelzunahme, also funktionell wertvolle Masse ist. Für

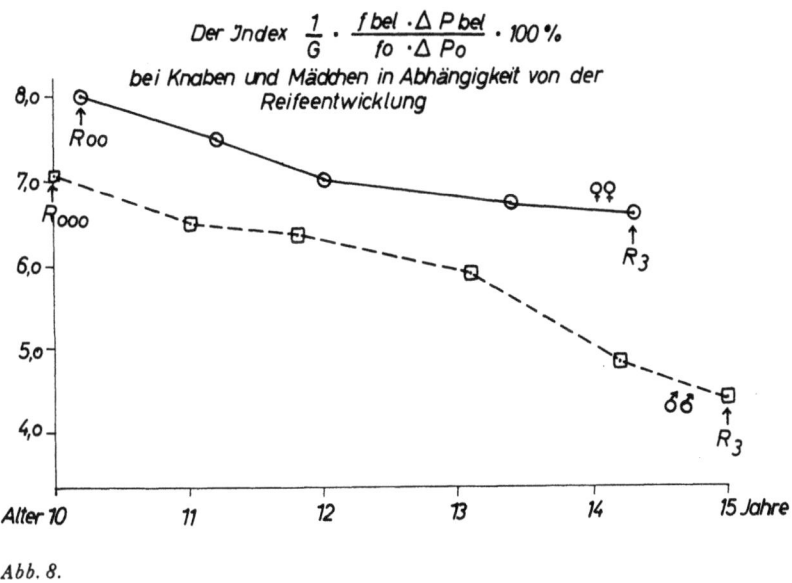

Abb. 8.

eine Korrelation mit den Reifungsvorgängen könnte die Tatsache sprechen, daß der stärkste Abfall des Index bei Knaben wie Mädchen zwischen den Reifestufen R_1 bis R_3 liegt (Abb. 8) und die Differenz der Kreislaufregulationsverhältnisse zwischen den Geschlechtern sich gerade in diesem Entwicklungsabschnitt ausprägt. Andererseits ist zu berücksichtigen, daß die Gewichtszunahme im Zusammenhang mit dem Pubertätswachstumsschub einen spürbaren Einfluß auf unseren Index haben muß, da sie eine Vermehrung der durch den Kreislauf zu versorgenden funktionellen Masse anzeigt.

Auch für eine statistische Untersuchung ist der Hinweis auf Besonderheiten der zugrunde liegenden Kasuistik zweckmäßig. Es sollen daher einige Einzelheiten aus dem Material kurz angeführt werden.

Auffallend hohe Belastungsgrößen kamen bisweilen wohl einfach dadurch zustande, daß die unmittelbar nach der Belastung gemessenen diastolischen Blutdruckwerte in der notwendigen Schnelligkeit hier und da zu tief bestimmt worden waren. Bei kritischer Betrachtung war eine solche Amplitude als zu groß anzusehen. Auch dürfte bei einigen sehr dicken Kindern die Manschettenbreite relativ zu schmal gewesen sein, da sie, wie angegeben, einheitlich gewählt worden war. Derartige Fälle mußten naturgemäß im Material verbleiben. Darüber hinaus ergaben sich aber auch aus besonderen Voraussetzungen Extremwerte, die, soweit sie als pathologisch angesehen werden mußten, zur Eliminierung der betreffenden Daten Anlaß gaben.

So war ein auffallend hoher Indexwert bei einem Mädchen im Alter von 13 3/4 Jahren festgestellt worden, das in den vorangehenden 12 Monaten nicht weniger als 10.0 kg an Gewicht zugenommen hatte; möglicherweise hatte sich hier die Kreislauffunktion noch nicht genügend adaptieren können. Eine Ausscheidung aus dem Material kam mangels pathologischer Gegebenheiten nicht in Frage.

Konstant hohe Indexwerte nach Belastung fanden sich vom 10. Lebensjahr an bei einem Kinde mit congenitalem Vitium cordis. In 3 weiteren Fällen war möglich, daß es sich um erworbene Herzfehler handelte: ein 15 1/4 jähriger Knabe hatte früher stets normale Tests gezeigt, und erstmals trat in diesem Alter ein außerordentlich hoher Belastungswert hervor; die anschließende Untersuchung ergab ein wohl erworbenes, wahrscheinlich rheumatisch bedingtes Vitium cordis. Nachdem in den Jahren zuvor bei einem Knaben von 14 3/4 Jahren nie ein abweichender Befund im Test erhoben worden war, ergab die Untersuchung des Kindes, bei dem ein Extremwert auftrat und das nach Belastung Kollapsneigung zeigte, ein Cor bovinum bei Vitium cordis. Ein Mädchen hatte bis zum Alter von 12.0 Jahren normale Testergebnisse.

Mit 13.0 lag ein Extremwert im Belastungsindex vor, und es fand sich ein deutliches diastolisches Geräusch. Stets hohe Indexwerte zeigte ein Mädchen mit Ventrikelseptumdefekt vom 10. Lebensjahr an; die Werte zeigten aber konstant steigende Tendenz. Bei einem 14 1/4 jährigen Kind, das bislang normale Tests aufwies ergab die Untersuchung wegen eines Extremwertes im Belastungstest gehäufte Extrasystolie. Eine klinische Untersuchung wurde in diesen Fällen angeraten.

Es sei hier aber auf einige akute Umstände hingewiesen, die zu pathologischen Testergebnissen im Einzelversuch führten: bei einem 12jährigen Knaben ergab die Untersuchung nach einem Belastungstest, der Extremwerte erbrachte, einen Fieberzustand. In einem anderen Fall fand sich bei einem 12jährigen Mädchen ein tags zuvor erworbener Sonnenbrand mit leichter Blasenbildung. Ein weiteres 12jähriges Mädchen hatte einen fieberhaften Infekt und ein viertes Kind einen hohen Belastungsindex während einer abklingenden Erdbeerurticaria. Wohl noch postinfektiös bedingt war der Extremwert bei einem Kind, das kurz zuvor eine Pneumonie überstanden hatte.

Eine auffallende Ruhetachykardie mit hervortretender Frequenzregulation sahen wir bei 2 Kindern. Bei dem einen fand sich eine Struma und ein leichter Exophthalmus, bei dem anderen lag lediglich ein Morbus Schlatter vor.

Recht hohe Belastungsindices boten häufig besonders kleinwüchsige und allgemein hypoplastische Kinder. Möglicherweise im gleichen Zusammenhang fanden wir hohe Indices an der Grenze der Norm bei den leptosomen Kindern so oft wie bei allen anderen Konstitutionstypen zusammengenommen. Ein besonders kleinwüchsiger Knabe zeigte in dieser Gruppe alljährlich Extremwerte. Eliminiert wurde dieser Fall naturgemäß nicht. Andererseits hatte ein 15-jähriger Knabe mit einer Länge von 190 cm und einem Gewicht von 71,4 kg einen noch durchaus normalen, wenn auch über dem Mittelwert liegenden Testindex.

Besonders niedrige Indexwerte fanden wir bei einem Knaben mit Hypertension, bei dem es nach der Belastung nur noch zu einem geringen Zuwachs der Amplitude kam. In einem anderen Fall, dem eines 13 3/4 jährigen Knaben lag ein nephrogener Hochdruck bei einer wohl akuten Nephritis vor. Da die Amplitude nach Belastung noch einen ausreichenden Zuwachs zeigte, blieb der Index bei letzterem im normalen Bereich. Beide Fälle wurden von der Auswertung ausgenommen.

Recht unterschiedliche Indexwerte fanden wir bei einem eineiigen Zwillingspaar, das in Größe und Gewicht völlig übereinstimmte. Pathologische Verhältnisse waren bei keinem der beiden greifbar.

Tabelle 22

Auswertung der Indices $\frac{1}{G}(V_{bel} - 100)$ der Mädchen nach Konstitution und Reifestufen.

A. Im Vergleich zum Mittelwert aus allen Reifestufen.

	N	Mittelwert	G
Pykniker:	140	4.569	1.655
Athletiker:	128	3.822	1.535
Leptosome:	172	5.040	1.870
Mischtypen:	121	4.667	1.693

Hierzu Varianzanalyse:

Quadratsumme	Größe der QuS	df	mittl. QuS	Faktorenwert
Zwischen den Typen	109,76	3	36 586	12 419
Innerhalb der Typen	1 640,71	557	2 946	
Total	1 750,47	561		

Grenzen für die zugehörigen F-Werte

für p = 5 %   8,53 (gefunden 12 419) also „signifikant",
für p = 1 %   26,12 (gefunden 12 419) also *nicht* „*sehr* signifikant".

Ergebnis des Variationsbreite-Tests nach DUNCAN (1955) (new multiple range test).

P 0,05
A−L = 1,218 > R_4 = 0,471 Differenz ist signifikant
A−P = 0,747 > R_3 = 0,456 Differenz ist signifikant
A−M = 0,845 > R_2 = 0,432 Differenz ist signifikant

M−L = 0,373 < R_3 = 0,456 Differenz *nicht* signifikant
M−P = 0,098 < R_2 = 0,432 Differenz *nicht* signifikant
P−L = 0,471 ≲ R_2 = 0,432 Differenz *knapp* signifikant

Bei entsprechender Berücksichtigung aller Faktoren wäre es demnach denkbar, daß systematisch gewonnene Belastungsindices nach dem Two-step-Test anhand exakter Normwert-Tabellen eine Aussonderung bestimmter pathologischer Fälle ermöglichen. Technische Mängel könnten hierbei durch die Anwendung automatischer Meßmethoden weitgehend auszuschalten sein. Andererseits bietet der Jahresvergleich der Daten beim gleichen Kind Hinweise auf akute Regulationsstörungen, deren Ursache in akuten Krankheitsprozessen zu suchen sind.

Extremwerte oder Grenzwerte des Normalen für die Belastungsgröße oder den Index $\frac{1}{G}$ V_{bel} anzugeben, halten wir im Rahmen dieser Studie nicht für angebracht. Hier könnte erst nach Auswertung des Gesamtmaterials, an der dann verschiedene Untersucher als Ermittler der Grunddaten beteiligt waren, ein Anhalt gewonnen werden.

Versuchsweise haben wir für die Mädchen der Bonner Untersuchungsstelle den Index $\frac{1}{G} \cdot (V_{bel} - 100)$ nach Reifestufen und Konstitutionstypen ausgewertet. Tabelle 22 gibt einen Überblick der Situation. Demnach unterscheiden sich die als „athletisch" beurteilten Kinder in allen Reifestufen signifikant von den anderen, während sichere Unterschiede bei dem vorerst kleinen Material für die anderen Konstitutionstypen untereinander nicht erkennbar werden.

Zusammenfassung

In einer Analyse der Daten, die aus 1 400 Kreislaufregulationsproben in der etwas modifizierten Methode von Schellong bei über 300 Knaben und Mädchen in den Altersstufen von 10 – 15 Jahren weitgehend regelmäßig jährlich wiederholt worden waren, werden die Änderungen der Reaktionslage bei diesen normalen Kindern im Ablauf der Reifeentwicklung ermittelt. Als Index, der der Auswertung zugrundegelegt wurde, ging man vom Amplitudenfrequenzprodukt aus.

Es zeigt sich bei den Mädchen in den Altersstufen von 9 1/2 bis zu 14 3/4 Jahren und bei den Knaben im Alter von 10 0/4 bis zu 15 1/4 Jahren eine ausgesprochene präpuberale und in der Folge wieder verschwindende Verkleinerung des Amplitudenfrequenzproduktes, nach 8 Min. Stehbelastung gegenüber der Ruhelage von der die Mädchen intensiver und häufiger betroffen waren als die Knaben. Wird der Ruhewert des Amplitudenfrequenzproduktes mit 100 % zugrundegelegt, so erreichte der Mittelwert bei den Mädchen im Alter von 12,0 Jahren mit 89,7 % einen Tiefpunkt, an dem 72,1 % der Kinder mit Werten unter

100% beteiligt waren, bei den Knaben lag der Tiefpunkt im Alter von 11,8 Jahren, wobei ein Mittelwert von 92,2% erreicht wurde und 66,2% der Probanden einen Wert unter 100% aufwiesen.

Im Belastungsversuch, der als Two-step-Test ausgeführt worden war, zeigte sich bei beiden Geschlechtern in der infantilen Phase im Anschluß an einen etwa gleichbleibenden Ausgangswert, der über 2 Jahre kontrolliert wurde und bei den Mädchen etwas höher lag als bei den Knaben, ein kontinuierlicher Anstieg bis zum Ende der Pubertätsentwicklung. Diese Werte des Amplitudenfrequenzproduktes schienen mit dem Gewicht der Kinder weitgehend korreliert zu bleiben. Die Relation dieses Index zum Gewicht zeigte nach nur geringfügiger Differenz zwischen Knaben und Mädchen in der infantilen Ausgangslage einen zunehmend größeren Unterschied zwischen den Geschlechtern mit Ausprägung der vollen sexuellen Reifemerkmale. Während in der infantilen Ausgangsphase diese Größe bei den Mädchen nur 112% derselben bei den Knaben betrug, stieg sie am Ende dieser Entwicklung auf 150% gegenüber den Knaben an, worin eine zunehmend größere Fähigkeit der männlichen Probanden gesehen werden könnte, körperliche Belastungen seitens des Kreislaufs regulativ abzufangen. Bemerkenswert ist dabei die relativ kurze Zeitspanne, in der sich parallel mit der sexuellen Reifeentwicklung das unterschiedliche Verhalten der Geschlechter ausprägt.

Bezüglich der konstitutionstypologischen Unterschiede im Verhalten ergab sich rechnerisch signifikant lediglich, daß die als „athletisch" beurteilten Kinder in allen Reifestufen nach Belastung kleinere Amplitudenfrequenzprodukte auch relativ zum Gewicht aufwiesen als die anderen Konstitutionstypen.

MIX
Papier aus verantwortungsvollen Quellen
Paper from responsible sources
FSC® C105338

If you have any concerns about our products,
you can contact us on
ProductSafety@springernature.com

In case Publisher is established outside the EU,
the EU authorized representative is:
**Springer Nature Customer Service Center GmbH
Europaplatz 3, 69115 Heidelberg, Germany**

Printed by Libri Plureos GmbH
in Hamburg, Germany